NATURAL
HISTORY

Buffon

自然史

［法］布封 著

黎杨 译

云南出版集团

云南人民出版社

果麦文化　出品

目录

地球史

　　在众多行星之中，我们居住的地球似乎有着得天独厚的优势，与土星、木星和火星相比，地球离太阳更近，不会过于寒冷，也不会像金星和火星一样，离太阳这颗光球太近，炽热难耐。除此之外，地球还享有源于自然的何种壮美呢？那便是来自太阳的光芒，缓缓地由东向西延伸，交替照耀着地球的东西两个半球，纯净透明的大气层将其包裹着。各种生命的胚芽在适宜的温度、优质而充足的水源下绽放生机，获取给养，茁壮成长。众多山峦和丘陵遍布地表，运输并收集空气中流动的水汽，形成持久的涌流。

　　地表巨大的凹陷显然是为了接纳海洋、岛屿和大陆而形成的。海洋和陆地一样宽广：海洋并非冰冷贫瘠之地，而是一个全新的国度，生命在此繁衍生息，其多样性和丰富性毫不逊色于陆地。全能的自然稍稍拨动她的指尖，水便不再有它的局限性：当海水侵袭着西海岸时，东海岸的海水就会退去。巨大的水体自身不会运动，而是在天体的影响下发生扰动，产生持续而规律的涨落；海水还随着月球移动的轨迹起伏，总是在日月引力交汇之时达到最高潮。由于这些原因，春分和秋分时节，海潮比任何时候都要猛烈，这一定是这颗星球与天空紧密联系的最有力证据。这些广泛而持久的运动是奇特多变的环境的源头：土壤迁移，形成沉淀，在海底形成和陆地相似的山脉，也产生了水流，水流维持固定的路线，与陆地上的河流相同，沿着山脉绵延的方向流淌；它们实际上可能会被看作是海底河流。

地轴的倾斜使地球在绕太阳转的过程中产生显著的冷热交替，我们称之为季节。所有的植物，全部抑或是部分，拥有属于它们生长和消亡的时节。树叶的凋零，果实的腐败，植物的枯萎，以及昆虫的死亡，完全依赖于冷热循环。在没有这种变化的气候环境下，地轴没有实质性的倾斜，植物没有生死更替，每一只昆虫都完成了它的生命周期。这看似完美，而事实并非如此：正是分明的四季，让地表覆满花朵，让树木长拥枝叶，大自然才能享有永恒的春天。

地球的表面和木星不同，不是由与赤道平行的相间条带构成的。相反，地表从一极到另一极由两块大陆和两片海洋分割开来。

地质构造

　　新岛屿的形成一般有两种方式：一是地下岩浆，二是水成沉积物的缓慢沉积。由岩浆和地震形成的岛屿为数不多，但有数之不尽的岛屿是由泥土、沙子和土壤组成的，这些物质经河流和海洋到达各地。大量的泥土和沙石在河口处积聚，形成相当数量的岛屿。海水从一些海岸退去，使得海底的最高部分裸露，形成许多新的岛屿；同理，海洋在某些海岸上伸展，覆盖最低的部分，留下最高的部分，于是出现了许多岛屿。这就解释了为什么远海的岛屿寥寥无几，而大陆边缘的岛屿却格外多。水与火这两个元素看似不同，甚至对立，却产生了许多类似，乃至超然于二者特定产物的效果，有时甚至难以分清彼此，就好像玻璃和水晶，天然的和合成的锑[1]，诸

1　锑是一种有金属光泽的类金属，在自然界中主要存在于硫化物矿物辉锑矿中。锑化合物在古代就被用作化妆品。

如此类。它们在自然界中产生了巨大影响，其数量和规模大到几乎无法辨清。正如人们所观察到的那样，水塑造了山和大多数岛屿，其他的则可以追溯到火。同理，洞穴、裂隙和沟壑等的形成，一部分出自地下岩浆，另一部分则源于水。

洞窟常见于山区，少见或不见于平原。爱琴海和其他岛屿上有很多洞窟，因为大体上说，它们只是山的顶部而已：洞窟的形成与悬崖类似，通过岩石或巨大深谷的沉降，抑或是岩浆的作用，如果要使一个洞窟形成悬崖或深渊，我们需要假设相邻岩石的顶部同时坠落，构成一个拱形结构，尤其是当它们的底部因时间流逝或因地震摇动并移位时，这种情形就一定会发生。造成洞窟的原因可能与造成孔洞的原因相同，即地表的震动和下沉，可因火山爆发、地下蒸汽的作用和地震引发，这些地质作用通过震颤和扰动来制造各式各样的洞窟、孔洞和凹穴。

山脉的形成

　　山脉内部主要由平行岩层中的石头和岩石组成：在水平的岩层之间发现了比石头更软更薄的地层，而垂直裂隙则充斥着沙子、晶体、矿物、金属等物质。这些物质比我们发现的有海贝壳的水平岩层的形成时间更晚。雨水还在一定程度上使沙子和山脉上部的土壤变得松软，让石头和岩石裸露出来，很容易区分水平地层和垂直裂隙；相反，在平原地区，雨水和洪水带来了相当数量的土壤、沙子、碎石和其他诸如此类的物质，形成一层泥灰岩及柔软易溶解的石头、沙子、砾石、土壤，植物也混杂其中。这些地层中没有海贝壳，或只有少量海贝壳碎片从山中流出，夹杂着砾石和土壤。我们必须仔细地把这些新岩层从老岩层中区分开来，因为新岩层中往往有大量完整的贝壳，它们仍处在原来的状态。

　　我们观察一座山的物质排列顺序和内部分布——

以一座由普通的石头或可煅烧的石化物质构成的山为例——通常会在含有植物的土壤下发现一层砾石，其性质和颜色与这片土地上的主要石头相同，在这层砾石下我们发现了石头。当山脉被一些沟渠或深沟分隔开时，我们很容易就能分辨出构成这座山脉的所有岩层。每一层水平岩层之间都由一种水平节理分隔开来，其厚度一般自山顶往下成比例增加，并且都被垂直裂隙径直分开。同样的，在砾石下的第一地层，甚至第二地层，只比形成山脉基底的岩层稍薄，但被垂直裂隙分割得非常细腻，以致无法看清其长度：它们与干燥龟裂的地面非常相似，但延伸范围不大，且随着深度变化逐渐下降，越向底部越少，其对岩层的分割会显得更为规则。

这些岩层通常有好几里格[1]宽，从不间断。我们几乎总会在一座山对面的另一座山看到同样的石头，不论是被大或小的山谷分开。只有在山体下沉并与大片平原齐平的地方，这些岩层才会消失。有时在第一层夹杂植物的土壤和砾石之间会发现泥灰岩，其颜色和品质渐变，是两个岩层间的过渡带。在下方石矿中的垂直裂隙充斥着这种泥灰岩，使其获得与泥灰岩相等的硬度，但因长期暴露在空气中而土崩瓦解，变得柔软。

因此，山的内部是由不同的岩层组成的，上面是软

---

1 里格是一种长度名称，是测量陆地及海洋的古老单位。1里格约等于3英里或4千米。

石，下面是硬石，底部比顶部宽得多。这几乎已成定律，随着海拔下降，石头变得愈加坚硬，这很可能是因为水的流动或其他运动，导致山谷的形成，并将山脉削切成一定的形状，从一个横切面塑造这些构成山脉的物质。质地或硬或软的物质，会受到不同程度的磨损。现在上部的岩层是最软的，自然会受到最大程度的磨损。这可能是造成山脉倾斜的原因之一，而随着雨水冲走土壤和砾石，这种倾斜就会变得不那么陡峻了。由于这些原因，那些由可煅烧的物质构成的丘陵和山脉，其倾斜度要比那些由大块活石[1]和燧石构成的丘陵和山脉要小得多。最后一层一般都相当高，而且几乎是垂直的，因为在这些大块可玻璃化的物质中，上部岩层和下部岩层都非常坚硬，且都能抵抗水的作用。

在一座顶部平坦且面积较大的山上，我们会见到直接位于含植被土壤地层下的坚硬岩石。必须指出，这里看似一座山峰，其实不然：这其实是一些更高的山的延续，其上部岩层质地较软，下部较硬。因此，我们看见的平坦山顶，其实是另一座山的底层岩石的延伸。

海拔相当高的山顶通常只有软石，我们必须挖得很深才能遇见硬石。只有在这些坚硬的岩层之间，才会发现呈板块状的大理石。含金属的土壤通过雨水渗入，使

---

1 活石主要由死亡的珊瑚组成，轻质多孔，含碳酸钙。

大理石变得色彩斑驳。几乎可以断言，只要是有石头的国家，挖掘到足够的深度，就会发现大理石。"能否找到一个没有大理石的地方呢？"普林尼[1]说。事实上，大理石比人们所认为的要普通得多，它和其他石头的区别只是在于它的纹理细腻，因而更致密，更易抛光。古人就是依据大理石的质地为它命名的。

---

1 盖乌斯·普林尼·塞孔都斯（23～79），古罗马百科全书式的作家，以其创作的《自然史》一书闻名。

火山

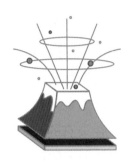

　　我们把燃烧着的山称为火山，其内部含有硫磺、沥青和其他易燃物质，这些物质的效力比火药，甚至是雷鸣更为猛烈，自古以来就使人类恐惧，其威力足以毁灭一个国家。火山好比一个巨大的火炮，火山口通常有半个多里格宽，从这个巨口中吐出滚滚浓烟和火焰，涌出大量沥青、硫磺、熔化的金属，还有一团团火山灰和石头，有时还会喷出巨大的石头。石头之间相隔好几里格远，即使集合起人类的力量也无法撼动。漫天的火光让人恐惧，火山喷出烧焦的、熔融的、可煅烧的、可玻璃化的物质数量十分巨大，足够摧毁城市和森林。喷出的物质覆盖田地，厚度可达一两百英尺，有时丘陵和山脉的形成，只不过是这些物质堆叠在一起罢了。火山喷出的火焰和爆炸的力量格外猛烈，可以震颤大地、搅动海洋、倾覆高山、摧毁最坚固的塔楼大厦，影响范围波及甚远。

　　然而，火山所有的效能都来自火和烟：硫磺、沥青和其他易燃物质的岩脉，以及矿物和黄铁矿，都在山的深处被发现，当它们暴露在空气或潮湿环境中时就会发酵并引发爆炸，威力和燃烧物质的数量成正比。

　　欧洲有三座著名的火山，分别是位于西西里的埃特纳火山[1]、位于冰岛的赫克拉火山和在意大利那不勒斯附近的维苏威火山[2]。亚洲有许多火山，尤其是在印度洋的岛屿上，其中最著名的是奥尔巴尼山，在托罗斯山脉[3]附近，距赫拉特八里格远；它的山顶不停地冒烟，经常喷出火焰和大量燃烧着的物质，周围的地区都被火山灰覆盖。

1　埃特纳火山是意大利西西里岛东岸的一座活火山，海拔超过 3200 米，是欧洲海拔最高的活火山。

2　维苏威火山是一座位于欧洲大陆上的活火山，位于意大利南部那不勒斯湾东海岸，被誉为"欧洲最危险的火山"，海拔 1281 米。维苏威火山在公元 79 年的那次大喷发中，摧毁了当时拥有 2 万人口的庞贝城。

3　托罗斯山脉位于土耳其南部，平均海拔约 2000 米。

地震

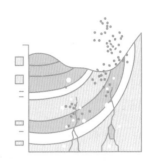

有两种类型的地震。

一种是由地下岩浆的作用产生的，在火山爆发时，爆炸只在小范围内感受得到。当形成地下岩浆的物质发酵、加热并开始燃烧后，岩浆会竭尽全力地从缝隙中钻出。如果岩浆不找到一个自然的发泄口，上方的土地会被掀起，形成一个喷发通道，这就是火山形成的过程，其影响和延续与火山所含可燃物质的数量成正比。如果物质的总量不大，紧接着产生的会是地震，而不是火山爆发。

因地下熔岩而变得稀薄的空气也可能通过小的喷口逸出，在这种情况下只会产生震动，不会有喷发或火山爆发。但是，当可燃物质大量存在，并被坚实的、压缩的物体禁锢时，地震和火山爆发就接踵而至了；所有这类震动只能形成第一种地震，且只能震动一小块地面。

比方说，埃特纳火山的猛烈爆发，将波及整个西西里岛的地震，但它永远也到不了三百或四百里格远的地方。每当维苏威火山爆发并产生新的火山口时，那不勒斯就会发生地震，火山附近也会有地震爆发，但这些地震从未撼动过阿尔卑斯山，也没有延伸到法国或其他远离维苏威火山的国家。因此，由火山导致的地震，其波及范围是有限且常规的，是属于火的反作用力。它们使大地震颤，就像火药弹匣爆炸时所产生的震动，在好些里格远的附近都能觉察到。

另一种地震，其影响与第一种大不相同，但成因可能相同。这种地震可在很远的地方感觉到，震波非常远，且没有新的火山出现，也没有旧的火山喷发。在英国、法国、德国，甚至匈牙利，都有地震同时发生的情况。这些地震波及范围的长度大于宽度。它们在不同的地方以或大或小的力量震动地面，几乎总是伴随着隆隆声，就像一辆马车在石头路面上快速驾驶的声音。

谈到造成这种地震的原因时，必须记住一点，即一切可燃物质的爆炸——比如火药——会产生大量的空气。空气受热后变得稀薄，在地球内部受到压缩，必然会产生剧烈的作用。

这些因素都考虑进去后，我看不出地震如何能够产生山脉，因为这些地震的产生主要靠矿物和硫化物，这些物质通常只在山脉的垂直裂隙和地球上其他的洞穴中发现，其中大部分是由水的作用产生的，而这种物质通过燃烧，只会产生瞬间的爆炸和短时的狂风，并通过地下水道行进。鉴于地震在地球表面持续的时间很短，所以山脉的成因只能是爆炸而不是持久的燃烧。简而言之，这些地震延伸到相当远的地方，离重重山峦非常遥远，在其波及的范围内，不会产生那种最小的丘陵。

水

　　水仅有一种自然运动的方式。和其他液体一样，水总是从高处流向低处，除非中间有什么障碍物把它挡住了。当水流到最低处时，它会在那里静止不动，至少在没有一些外部因素搅动的情形下是如此。所有的海水都蓄积在地球表面最低的地方，其运动当然须由外因驱动，主要是潮起潮落，呈交替、相对的方向进行，它使得海水产生一种持续的、大规模的自东向西的流动。

　　这两种运动与月球的运动有着恒定的和规律性的关系。新月或满月时，海水自东向西的运动，以及潮汐将更为规律，在大多数海岸每隔六个半小时涨落一次。不论月球位于地平线上或地平线下，高潮总是出现于月球在中天之时，低潮出现于月出或月落。海水自东向西的运动是持续不断的，因为涨潮时，海水会自东向西运动，把大量海水向西推进；退潮似乎是相反的，少量海水被推向西方。因此，涨潮可以被视为海水的漫溢，退潮则是海水的回落，由此得以不断补充，基于这个原因，海水涨潮时力量更强，退潮时更弱。

　　要完全理解这一点，我们必须注意产生潮汐的力量的性质。我们已经观察到，月球通过一种力作用于地球，有些人称之为吸力，有些人称之为引力。这种力贯穿地球，与物质的量成正比，并且随着距离的平方增加而减小。接下来，让我们来看看当月球位于任何一个地方的子午线时，水面会发生什么变化：紧挨着月球下方的水面，比地球上任何其他地方都更接近月球。因此，海洋的这一部分必会向月球隆起，隆起的顶点必与月球的中心相对；隆起底部的水域和表面的水域，会按距离月球的远近，按照一定配比接近月球，月球对水的作用力与二者距离的平方成反比。因此，海水的表面是首先被吸起的，邻近海水的表面也会升高，但幅度会相对低一些，所有这些地方底部的海水也会因为同样的原因升高。这样一来，海的这一部分越变越高，形成一个隆起，而不受这股吸引力影响的偏远地区的海水，会继续沉降下去，以取代那些被月球吸引而升高的海水。这就是涨潮的原因，涨潮在不同的海岸或多或少是可以感觉到的。潮汐不仅在海面上，还会在最深邃的地方搅动着大海。海水的回流或退潮是自然的过程，因为当月球不再对其施加力量时，这种受外来力量影响的海水就会恢复到原来的水平，退回海岸，回到曾经被迫离开的地方。当月球经过对跖点，即子午线的对面时，会产生同样的效果，虽然原因不同。在第一种情况下，海水上升，因为此处的海水比地球上任何其他地方都更接近月球；第二种情况则相反，因为月球离这部分海水最遥远，这很容易被认为会产生相同的效果，因为这部分海水比对面的海水受到的引力要小，所以这部分海水自然会退去，形成一个隆起，其高峰正处在受引力影响最小的位置，即月球现在所在位置的对面，或说是月球十三小时之前所在的位置。当月球到达地平线时，潮水就会退去，大海回归到原始的自然状态，海水也就实现了平衡。但是当月球位于子午线的对面时，这个平衡不再存在，因为这部分海水距月球的距离最远，和地球的其他部分相比，受到的引力最小，海水因为重量需要保持相对平衡，便促使其朝距离月球最远的点流去。因此，在这两种情况下，即当月球处在某个地方的子午线上，或在子午线的对面时，水必然会上升到几乎相同的高度。随后，当月球运动到地平线，不论是升起还是落下，海水会相应地涨落。因此，我们刚才所提到的运动，必然会从深度和广度上彻底扰动海洋。这种运动在远海似乎察觉不到，但并不意味着它不存在。由于风不能使洋底和洋面以同样的程度扰动，所以潮汐的运动必然更有规律，尽管底部海水起落的交替变化和海面的情况是一样的。

河流

　　一般情况下，最大的山脉位于岛屿和海底的隆起。在古老的大陆上，最大的山脉自西向东绵延，那些向北或向南延伸的山脉，只不过是这些主要山脉的分支罢了；我们同样也会发现，最长的河流的走向和最大的山脉的走向一样，而同这些山脉的分支走向一样的河流却很少。为了证实这一点，我们只需要拿一个普通的地球仪，看看从西班牙到中国的河流分布就行了。我们会发现，从西班牙开始，比戈河[1]、杜罗河、塔霍河和瓜迪亚纳河自东向西流，埃布罗河自西向东流，没有一条河流是从南向北或从北向南流的，尽管西班牙的西部被海包围，且北部也几乎如此。对西班牙河流流向的观察，不仅证实了这个国家的山脉走向是自西向东的，而且与海峡[2]接壤

1　这里可能指米尼奥河。

2　此处的海峡为直布罗陀海峡，原文为 Straits，故译为海峡。

的南部地区比葡萄牙海岸地区的海拔要高。还有北部海岸的加利西亚山、阿斯图里亚斯山等，它们只是比利牛斯山的延续。正是因为西班牙这样的地势，河流不能以南北走向汇入大海。

　　一般来说，河流流经山谷的中心，或者更确切地说，流经两座山丘或两座高山之间的最低点。如果这两座山的倾斜度几乎相等，那么基本上河流会处在山谷的中间位置，不论山谷的宽窄。相反，如果一个山丘比另一个更陡峭，河流就不会位于中间位置，而是更接近那座陡峭的山丘，山丘坡度越大，河流的偏向越大。在这种情况下，最低处不在山谷的中间，而是倾向最高的山丘一侧，河流一定会占据这个地方。不论在何处，只要山脉的高度存在相当大的差异，河流就会在最陡峭的山的脚下流动，并且一直流下去，只要山脉保持其高度优势，河流就不会改道。然而，随着时间的推移，最陡峭山坡上的雨水会以更大的力度把山坡削去，其幅度与山的高度成正比，因此会有更多的沙子和碎石被猛烈地冲刷掉。之后河流因受到约束而改变河床，并寻找山谷最低的部分流淌。这里需要补充一点：所有的河流都会有泛滥的现象，把泥沙运输和沉积到不同的地方，而沙子经常会在自己所在的河床上沉积，导致水位上升，从而改变河流的方向。在山谷里，人们经常会遇到大量古老的河道，尤其是那些经常被洪水淹没并带走大量泥沙的地方。

在有大河的平原和大型山谷中，河床通常是山谷中最低的部分，但水面往往比邻近的地面要高。例如，当一条河流开始泛滥时，平原将会被淹没相当大的面积，人们会注意到河流的边界是最后被掩盖的。这就证明了河流比地面的其他部分要高，而且从河岸到平原的某一部分，存在难以觉察到的坡度，所以当河流漫溢的时候，水面一定比平原要高。河岸上的这片高地是由洪水泛滥时期沉积的泥沙造成的。当河水大涨的时候，河水一般非常浑浊；当河水开始泛滥的时候，河水会非常缓慢地漫过河岸；随着泛滥的河水向平原推进，泥沙沉淀下来，河水得到净化。因此，所有河水不能带走的土壤都被沉积到河岸上，这使得河岸比平原上的其他地方要高。

世界上流量最大、流域面积最广的河流是亚马孙河。如果我们一直往上游走，走到距离利马三十里格的瓜努科附近的湖，即马拉格农河的源头，从这里算起，亚马孙河全长一千二百里格。即使从离基多有一段距离的纳波河的源头算起，亚马孙河的总长也超过了一千里格。

也许可以这么说，加拿大的圣劳伦斯河从河口到翁塔罗湖，然后到休伦湖，再到阿莱米皮戈湖，最后到阿辛尼湖，有九百多里格长。这些湖泊的水一个接一个地流入其他湖泊，最后流入圣劳伦斯河。

密西西比河的长度从河口到任一源头算起，都超过了七百里格，这些源头离阿辛尼开湖不远。

拉普拉塔河[1]，从它续接的巴拉那河的源头算起，有八百多里格长。

奥里诺科河[2]从帕斯托附近的切克塔河源头算起，全长超过五百七十五里格。切克塔河一部分流入奥里诺科河，另一部分也流入了亚马孙河。

1　拉普拉塔河是南美洲第二大河流，仅次于亚马孙河。
2　奥里诺科河是南美洲第三大河流。

海洋和湖泊

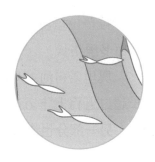

　　地球被大洋包围着，大洋通过大小海峡，穿透不同国家的内部，形成了地中海[1]，其中一些参与了大洋的潮汐运动，而另一些除了海域的联通外，似乎并无其他共同之处。

　　我们在这里只谈洋流，洋流的范围和速度是相当大的，因为在每一片海洋里都有数之不尽的洋流，虽然它们并不一定非常重要。海潮的涨落、风和所有其他搅动海水的原因，在不同的地方或多或少地产生了可察觉到的洋流。我们已经观察到，海底和地球表面一样，也布满了山，山与山之间有一些不相等的地方，还有一些沙地。在所有多山的地方，洋流都很湍急；凡是海底平坦的地方，洋流几乎觉察不到。洋流的速度与洋流遇到的障

1　这里不仅指欧洲大陆和非洲大陆之间的地中海，还指被大陆环绕的大片海域。

碍的数量成正比，或者更确切地说，与洋流通过的空间的狭窄程度成正比。两条山脉之间的洋流比山脉附近的洋流强得多。两片沙地之间，或相邻两岛之间也是如此。印度洋上也有这种现象：印度洋被无穷无尽的岛屿和堤岸分割开来，到处都有激流，这使得在印度洋上航行很危险。

形成洋流的原因，并不仅仅是海底地形的不均等，海岸本身也有类似的作用，因为海水在较远或较近的距离上会受到排斥，对海水的这种排斥力也是一种洋流，环境可以使这种流动变得连续而猛烈。海岸的倾斜的走向，海湾、某条大河、海岬的附近也会产生这样的效果。总而言之，凡是与一般运动相抵触的特殊障碍物都会导致洋流的产生。既然没有什么比海底和海洋边缘更不规则，我们就没有必要再为无处不在的洋流感到惊讶了。

所有的洋流都有一定的宽度，这取决于洋流两边高地之间的宽度，洋流把高地之间的区域当作供自己流动的"床"。海里的洋流和陆地的河流一样，会产生类似的地质效应：洋流会形成属于自己的"床"，把海底山脉冲刷成相应的棱角。总而言之，正是这些洋流掘出了我们的山谷，塑造了我们的山脉，使海底呈现出现在的样子。

风

在我们认知的气候中，没有什么比风力和风向更不规则、更多变的了。但在某些国家，这种不规则并不是很明显，而在另一些国家，风总是朝着一个方向吹，而且风力几乎相同。

虽然空气的运动取决于诸多因素，但仍有一些主要的原因，由于次要原因的改变，很难估计其产生的效应。最有影响力的因素是太阳的热量，它持续不断地使大气的不同部分膨胀，导致热带地区不断地吹起东风，那里的大气膨胀是最强烈的。

海上的风比陆地上的风更有规律，因为海洋是一个开放的空间，没有什么东西可以阻挡风的吹向，而在陆地上，山脉、森林和城镇等形成了改变风向的障碍。受山脉阻挡而反向的风，通常和它原来的吹向一样猛烈：这些风是非常不规则的，因为它们的路线取决于反射它们的山脉的大小、高度和位置。海风的风力比陆风大，但海风的变化不大，持续的时间也更长。陆地上的风，不管多么猛烈，有时会变得缓和，有时会变得平静，但海风的气流是持续不断的，从未被阻断过。

一般来说，在海上，东风和来自两极的风比来自西部和赤道的风更强；在陆地上，西风和南风相对比较猛烈。根据气候的情况，春天和秋天的风比夏天和冬天的风更为猛烈，有以下几个原因：第一，春天和秋天是海潮最高的时候，由海潮产生的风在这两个季节是最强的；第二，由太阳和月亮的运动而在空气中产生的气流在春秋分时节也更大；第三，春天冰雪融化产生的水汽、夏天由太阳凝结的水汽、到了秋天落下的丰沛的雨水，产生了大风，或者说至少增加了风的强度；第四，从热到冷，或从冷到热的变化，不可能不增加和减少空气的体积，单是这一点，就能产生非常强劲的风。

在空气中经常观察到相反的气流，有些云是朝一个方向移动的，而有些云或高或低，朝着相反的方向移动。但是这种相反的运动并不能持续，它通常是由于一些面积大的云的阻力而产生的，这些云迫使风转向另一个方向，但是障碍物一旦消失，方向又会转回来。

山区的风比平原的风更猛烈，其程度还会一直增加，直到我们到达云层所在的一般高度，也就是说，大约是一里格垂直高度的四分之一或三分之一。超过这个高度后，天空通常是平静的，至少在夏天是如此，且风力逐渐减弱。甚至有人说，在最高的山峰上，几乎感觉不到风；但因为这些山峰被冰雪覆盖，所以人们很自然地会认为，当雪花飘落时，这片区域的空气会被风搅动，而且只有在夏天，人们才会察觉不到风。在夏天，轻盈的水汽会升到山顶之上，并以露水的形式落下；而在冬天，它们凝结成雪或冰落下，即使在那么高的地方，也会引起相当大的风。

一股气流在通过狭窄通道时，速度会增加。同理，风在开阔的平原上相对温和，但当它穿过一座山的狭窄通道或两座高楼之间时，会变得猛烈。风在这些结构或山脉的顶部最为猛烈，因为空气被这些障碍物压缩，其密度和质量增加，当速度不变时，风的力量或动量自然会变得更大。这就是为什么在教堂或城堡附近的风，似乎比在离它们远的地方的风更大。我常说，一座单独的建筑物所反射的风比直接吹过来的风更猛烈，这是由于空气吹到建筑物上后被压缩造成的，风的力量因此得以增强。

风暴频现于海峡、所有突出的海岸、所有海岬的尽头、半岛、海角，以及所有狭窄的海湾。如果不考虑这些地方的话，有些海洋总体上比其他的海洋更狂暴。印度洋、日本、麦哲伦海、加纳利群岛以外的非洲海岸，靠近纳塔尔海岸的地方，以及红海，都很容易发生风暴。

大西洋的风暴比太平洋更猛烈，太平洋因其平静而得名。然而，除了热带地区，这片海并不是绝对平静的，因为我们离两极越近，就越容易受到各种各样的风的影响，这些风的突变常常是暴风雨形成的原因。

動物史

马

食性 植食性
体长 0.95 ~ 2m
体重 200 ~ 1200kg

人类对野兽最高贵的征服，就是驯化了这种神采奕奕、高傲骄矜的动物，它和人类共同经历了战争的疲乏和胜利的荣耀。在所有四足动物中，马的身材最为高贵，身体各部位比例最匀称，姿态最优美。把马和比它强或弱的动物比较一下，我们就会发现，驴子太低劣，狮子头太大，牛腿太细太短与身体的大小不成比例，骆驼身材畸形，还有那些巨型动物，比如犀牛和大象，只不过是一群粗野的、毫无身材可言的走兽罢了。四足动物的头部与人类的主要区别在于它的下颚很长，这也是所有标志中最不光彩的一个。然而，虽然马的下颚很长，但它不像驴子一样呆头呆脑，也不像牛一样傻里傻气。马头的各部分规则匀称，由胸部支撑着，这使马显得神采奕奕。马看上去雄心勃勃，高昂着头，想要摆脱其四足动物的地位，并以这种高贵的态度正视他人。马的眼睛大而明亮，耳朵灵敏，形状匀称，既不像牛耳那样短，也不像驴耳那样长；马的鬃毛装饰着它的脖子，给予它一种力量和勇气；马那又长又密的尾巴有利地遮住身体的后端。马尾既不像雄鹿、大象等动物短小的尾巴，也不像驴、骆驼、犀牛等光秃的尾巴。马尾是由又长又厚的毛构成的，似乎是从马背上长出来的，因为很短。马不能像狮子那样翘起尾巴，而且垂下尾巴似乎更适合它，因为它的尾巴左右摆动，可以赶走讨厌的苍蝇。马的皮肤虽然很结实，而且有一层又密又厚的毛，但却非常敏感。

马的头部和颈部的线条，比身体其他部位更能给人高贵的印象。马颈的上部，即鬃毛生长的地方，应从马肩隆起呈一条直线，在靠近头部的地方形成一条曲线，有点像天鹅的脖子。下半部分不应该有任何曲线，其方向应该是一条从胸部到下颚的直线，稍微向前弯曲；如果是垂直的话，美感就减弱了。颈的上部应该纤细，在鬃毛周围有一些肉，应该用适量光滑的毛发装饰。漂亮的胸部和身体的前部应该又长又高，还应与马的大小相称；如果太长太瘦，马通常会把头向后仰；如果太短太胖，马会过于前倾。为了使头部处于最佳位置，前额应该垂直于地平线。

马睡觉的时间比人少得多，健康状态下，马每天的休息时间总计不超过两到三个小时，然后马会起来进食，当马非常疲劳时，在进食之后会再次躺下。但总的来说，马一天的睡眠时间不超过四个小时。有些马甚至从不躺下，而是站着睡觉，情形和躺下睡觉的马相似。

驴

食性 植食性 🐾
体长 1.4 ～ 1.5m
体重 350 ～ 400kg

　　驴，如果仔细观察一下驴这种动物，我们会觉得它好似一匹退化了的马：驴和马的大脑、肺、胃、肠道、心脏、肝脏和其他脏器完全相似，二者的身形、腿、脚和整个骨骼也高度相似，这些证据似乎都可以说明它是退化了的马。但驴既不是退化了的马，也不是尾巴光秃的马。驴既不是外来物种，也不是入侵物种，更不是杂交而生的物种。和所有其他动物一样，驴有它的家族、种属以及地位，其血统是纯洁且未被玷污的，虽然它的种族没有那么高贵，但是它和马一样善良和古老。

　　驴天生谦恭、耐心、文静，就像马天生骄傲、热情、有冲劲。面对惩罚和打击，驴都能够忍受，并怀着忠贞和勇气。驴进食节制，也不挑食，即便是面对硬得难以下咽的草料，它也会心满意足地吃下，而马和其他动物则会不屑地走开。驴对水很敏感，因为它只喝最清澈的水，只喝它熟悉的小溪里的水，驴饮水和进食一样节制，不会把鼻子浸在水里，有人说，这是因为它害怕水里的耳朵倒影。由于缺乏细心的梳理，驴会经常在草地上、蓟上和尘土里打滚，不顾情况如何，它们都会躺下来，在地上滚来滚去，似乎在责备它的主人对它照顾得太少。但它从不在泥里或水里打滚，甚至有点害怕弄湿它的脚，还会为了避开泥和水绕道走。驴的腿比马的腿更干燥洁净。驴很容易被驯服，我们会看到一些受过充分训练的驴在公共场合表演。

年轻的驴活泼、英俊、轻盈，甚至还非常优雅，但它很快就会失去这些品质，要么是因为年龄大了，要么是因为受到了不好的对待，渐渐地会变得迟钝、固执、任性。驴对后代有着最强烈的感情。普林尼向我们保证，当人们把母驴和小驴分开时，母驴会冒着生命危险把小驴找回来。驴非常依恋它的主人，尽管它会受到虐待，它在远处就能嗅到主人的气味，把主人和其他所有的人区别开来。驴也能识别它曾住过和常去的地方。

驴的目光敏锐，嗅觉灵敏，关乎异性之时尤甚。当驴负荷过重时，它会垂下头，耷拉着耳朵；当驴受到粗暴的虐待时会张开嘴，满不高兴地缩回嘴唇，这种表情使它成为被嘲笑和奚落的对象。如果驴的眼睛被遮住了，它就纹丝不动；如果驴被放倒时，头固定不动，一只眼睛挨着地面，另一只眼睛被盖上一块木头，它会保持这种状态，绝不会努力地站起来。驴会像马一样走路、小跑和疾驰，但动作幅度比马小得多，速度也慢得多。驴跑得还算快，但只能保持一小段距离。无论驴以什么速度跑，一旦被逼迫得紧的话，它很快就筋疲力尽了。

按体格比例来算的话，驴可以承受的重量比任何动物都大。因为喂养它的成本很低，而且几乎不需要特殊照料，所以驴在乡村事务中显得非常有用。驴也可以被骑乘，因为它的步伐温和，跌倒的次数要比马少。在那些土地较为贫瘠的国家里，人们常用驴来耕田，它的粪便也是一种极好的肥料。

牛

食性　植食性
体长　2～3m
体重　150～1400kg

　　牛不如马、驴、骆驼等动物那么好管教：牛的背部和腰部的形状清晰可见，但它的脖子粗壮、肩膀宽大，足以说明牛是能够上轭[1]的。虽然牛的这个部位最有优势，但在法国的一些省份，人们强迫它用角来牵拉，这样做的一个理由是，牛以这种方式上轭，更容易被驾驭。牛的头部很强壮，以这种方式可能会牵拉得很好，但其优势跟用肩膀牵拉相比，还是差了不少。牛似乎是专门为犁地而生的，它恰当的体格、缓慢的动作、短壮的四肢，加上劳作时的平静和耐心，这些因素共同发挥作用，使它适于耕地，比其他动物更有能力克服耕作时土地对身体施加的阻力。马虽然可能和牛一样强壮，但却不适合做这项工作，因为它的腿太长，动作大而急促，

1　轭是牛、马等牲畜驾车、拉套时架或套在脖子上，用来连接套绳的器具。

还缺乏耐心，更容易疲劳。当我们要求马从事繁重的工作时，我们夺走了它轻盈的步伐、灵活的动作和优雅的姿势，相比于热情和迅捷，此时需要更多的是坚持、力量和体魄。

在一些由人们成群饲养的动物中，繁殖是主要的目标，因此雌性比雄性更有用。奶牛的产品的益处几乎是取之不竭的；小牛的肉健康鲜嫩，牛奶也是绝佳的饮品，至少对小孩子来说是这样；黄油是我们食物中最美味的部分，而奶酪是乡下人最常见的食物。有多少穷苦人家完全靠他们的奶牛过活啊！母牛也可以用来犁地，虽不及公牛强壮，却常用以代替公牛的位置。但是，如果用于此目的，则应注意让母牛与一头同样大小和力气的公牛相配；要么换另一头母牛，使犁的两端的力度保持平衡，这样一来，耕作时会更加平稳。耕种坚硬的土地通常会用到六至八头公牛，但更多的则是用在休耕的土地上，此处的土壤分解成大块状，而耕种较薄且含沙的土地，通常用两头公牛就可以了。古人把公牛的活动范围限制在一百二十步[1]以内，和犁沟的宽度相当，这可以让公牛不停地耕作。随后人们会让它稍事歇息，然后继续耕作同一块土地，或换一片土地耕作。古人以研究农业为乐，耕作以躬亲为荣，或至少以鼓励劳作为耀，尽量

---

1 1步等于3英尺或0.9144米。

不去劳烦牛。但是，在我们之中，那些最大程度地享受地球所带来的福祉的人，是最不懂得尊重和助长耕作技艺的人。

　　公牛主要用于繁殖，虽然我们可以迫使它工作，但无法确定它是否真心服从，必须时刻提防它的力量所致的危险。几头公牛将会组成难以驾驭的畜群，人们既无法驯服，也无法引导。自然让公牛变得桀骜不驯，目中无人，时常怒不可遏，但阉割之后，公牛的冲动行为会停止，它的力量也不会被剥夺，反而会变得更大更重，更适合它从事的工作。同时，公牛的性情也会随之受到影响，变得更为温顺，更有耐心，对他人更温柔，更少惹麻烦。

羊

食性 植食性
体长 0.85 ~ 0.95m
体重 50 ~ 140kg

　　在所有四足动物中，绵羊最为迟钝，从本能中获得的才智最少。山羊在许多方面与绵羊相似，但山羊更聪明，知道如何自我约束，如何避免危险，且很容易熟悉新事物。绵羊既不知道如何逃离危险，也不知道如何面对危险。即使绵羊有很强烈的需求，它们也从不像山羊那样愿意向人类寻求帮助。而且在所有动物中，绵羊似乎最为愚钝，雌绵羊甘心忍受它的羔羊被带走，而不显示出任何愤怒，也不试图去保护，甚至连表现一丝悲伤之情的咩声变化都不会有。

　　尽管绵羊这种动物受人鄙视，缺乏感情和内在品质，但是在所有动物中，绵羊对人类是最为有用的。它为我们提供衣食，即使不谈及我们从绵羊的奶、脂肪、皮肤、内脏、骨头，甚至粪便中获得的特殊好处。这似乎显示出，大自然赋予绵羊的，仅仅是为了使之有利于人类，为人类提供方便而已。

山羊天生比绵羊聪敏，能更好地自我调整。山羊会主动接近人，很容易与人熟络，能懂得爱抚的感觉，体味依恋的滋味。它比绵羊更强壮，更轻盈，更敏捷，也不像绵羊那般胆怯。它活泼、任性、放荡，要把它引到羊群里去，不得不大费周章。山羊喜欢独处，喜欢攀爬陡峭崎岖的地方，喜欢在岩石顶端或悬崖绝壁上站立或睡觉。雌山羊怀着渴望与热情寻找雄性，它强壮有力，生命力强，可以食用几乎所有的草本植物，极少有讨厌的食物。所有动物的身体气质对性情都有很大的影响，但这一点似乎没有把山羊和绵羊区分开来。

山羊和绵羊的内部结构几乎完全相同，它们以相同的方式进食、生长、繁殖，还会罹患同样的疾病，除了少数几种山羊不会感染。山羊不像绵羊那样怕热，还会自发地沐浴生机勃勃的阳光，在阳光下睡觉不会感到头晕目眩，也不会有任何困难。山羊不会因风雨而感到恐慌，但似乎对严寒非常敏感。正如前面所提到的，动物的外部运动更多地取决于自身感觉的强度和变化，而不是身体的构造。因此，山羊的外部运动比绵羊更为活跃，更不规律。山羊的性情反复无常，在行为方面特别明显：山羊的行走、骤停、奔跑、蹦跳、前进、后退、现身、隐匿、逃跑，所有这一切都是由于性情的反复不定，别无他因。山羊灵活的器官、柔软的力量和强健的身体，都不足以支持它的任性和敏捷的自然动作。

山羊的上颚没有牙齿，下颚的牙齿脱落，取而代之的是和绵羊相同的牙齿。山羊的年龄可以通过角上的疙瘩和牙齿来确定。雌山羊的牙齿数目并不总是相同，但是它们的牙齿通常比雄山羊少，后者的毛发更粗糙，胡子和角也更长。诸如牛和绵羊这些动物是反刍动物，有四个胃。山羊的物种分布比绵羊更分散，世界上许多地方都发现了与我们这里（法国）相似的山羊。

狗

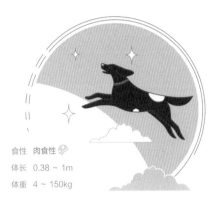

食性 肉食性
体长 0.38 ~ 1m
体重 4 ~ 150kg

　　提起狗，除去它们美丽的外表、强健的体魄、蓬勃的生气和灵敏的动作，最让人心仪的便是它们的天性。由于暴烈的性情，大多数的动物都对野狗退避三舍，但与之相对的家养狗却十分温和。一旦主人召唤，家养狗会立即行动，尽管它们是那么的勇敢、坚强和聪慧，事后它们都会温顺地趴在爪上，家养狗随时随地都在等待号令，而后全力完成主人的要求。家养狗贴心且聪慧，尽管只有一个小小的眼神，它们也能明白主人的心意。虽然不同人类一般具有思考的能力，狗却拥有忠实且炽热的感情。狗不会被报复的冲动和欲望冲昏头脑，它们无所畏惧，却害怕惹怒主人；它们记恩不记仇，热情温顺的狗是那么讨人喜欢，比起怀恨曾经受过的虐待，这些经历反而会让它们更加依恋主人。无论主人下达了怎样的指令，它们都不会暴怒或逃窜，而是选择直面命令，并在完成后温顺地舔舐给它们带来痛苦的源头。也许有时它们会对这些命令感到不满，但它们也只会吠叫，随后这份怨怼便被植根于体内的温顺和耐性平息。

与人类相比，狗更温驯；与其他动物相较，狗更灵敏。人类可以在非常短的时间内就驯服狗，并且狗会把人类所教的规矩、教条和习惯铭记于心。无论生长在什么样的家庭，它们都可以很快适应，但同时它们也会狗眼看人低：与对主人和朋友的态度不同，狗对陌生人非常冷漠，甚而它们可以仅仅只通过着装、声音和动作就判断出哪些人是乞丐，然后阻止他们靠近。在夜晚，狗会挑起看家护院的担子，并且变得更加大胆且具攻击性；尽管相距甚远，狗仍然可以观察陌生人，同时嗅到他们身上的味道；它们在原地打转，一旦发现盗贼想要闯入家中，便会飞扑上前，同时大声吠叫来警醒屋内的主人。它们对小偷和其他凶猛的动物都非常凶悍，一旦发现他们想要偷走什么，它们便会扑上前去攻击撕咬，直到拿回属于本家的东西。倘若成功捍卫，狗就会满足地趴在地上，甚至还会开心地刨地，以示它们那可敬的勇气、克制和忠贞。

倘若说起其他动物不具备而狗却拥有的精神，那便是那份经得起考验的忠诚了。狗会永远记住它的主人，它们也会将主人的朋友们印入脑海。同时，它们对陌生人非常敏感。狗知道自己的名字，也记得住主人们的声音；当身边没有主人陪伴时，它们便会显得畏畏缩缩；倘若与主人走散，狗会一直吠叫甚至哀鸣，以求与主人团聚。在长途旅行中，狗能够清楚地记住路线，哪怕就去过一次，它们也能准确地找到正确的路。总而言之，相较于其他动物，狗的长处是最多且最明显的，它们对曾经发生过的事情印象深刻，容易被成功驯化，同时也易于接受变化。与一成不变背道而驰的是，狗的性格、能力以及习惯可以发生很大的转变。哪怕是在同一个国家，我们都无法找出两条在各方面完全相同的狗，狗的种类在不同的季节似乎变化很大，每当春季到来，各种狗的杂交，使得它们的种类多得难以计算和描述。正是因为以上种种原因，狗与狗之间的区别才会越来越多，且变得越来越直观。比如说身高、体型、鼻子的长度、头部的形状、耳朵和尾巴的长度和指向、毛色、身体素质，以及毛发数量，这些特点在不同种类的狗身上都会有所不同。也许唯一相同的只有它们的身体内部结构和生殖能力。我们可以了解到，尽管各不相同，但不同种类的狗之间也可以进行配种和繁殖。

在这里我们遇到了一个最复杂的问题，在气候、食物、不同种类杂交和其他因素的影响下，我们如何找出原始的狗的性格呢？我们知道这些改变因何而生吗？在时间的长河中，一切都会发生变化，自然也不会永远停留在它最初的模样，特别是在人类干预的事物上。那些可以根据自身需求选择食物和生长环境的物种往往会保留更多的天性，我们也许可以在其后代上得到认知。对于那些人类已经征服且驯化的物种来说，它们在形态上的变化是最大的，迁徙于不同的自然环境中，它们的食物、习性和生存方式都变得与以往大不相同。众所周知的是，比起野生动物，人类所驯化的动物种类数量大大超越了前者；而在所有受到驯化的物种中，狗与人类的联系是最密切的，它们的生活是最规律的，它们的天性让它们变得温驯，易于受到外界的影响，对各类限制加以服从。由以上种种可得，狗的种类是最多的，不同种类的狗除了在体型、身高以及毛色上存在差距，它们的其他部分也同样大相径庭。

兔

食性 植食性
体长 0.15 ~ 0.5m
体重 1.5 ~ 6kg

正如所有的家畜在毛色上的变化多端，家兔的毛色同样也有很多种，如白色、黑色、褐色、灰色，而这些也是兔子最符合自然的毛色。黑色的兔子是最难见到的。野兔一般呈灰褐色，这种颜色的兔子也大都温顺。不管两只大兔子都是黑色或白色，抑或一黑一白，一窝小兔子里黑色或白色毛皮最多也只有一两只，大多数仍呈灰褐色。与之相反的是，褐色家兔幼崽往往就是褐色，或许有时会出现几只白色、黑色或混色的。

家兔的繁殖能力远胜于野兔。在这里我们不用了解渥敦[1]的观点，因为事实证明，如果将一对兔子单独放在一座岛屿上，一年过后，岛上就会出现六千只兔子。一旦生长在适合它们的环境中，兔子们的繁育能力就会体

1 17世纪英国人文主义者、外交官、政治家、诗人。

现得淋漓尽致，以致土地无法为其提供足够的给养。为了寻找食物，兔子会破坏草本植物、根茎、谷物、水果，乃至小树苗和灌木，要不是狗和雪貂加以阻止，它们可以很快地将一片土地变为荒漠。与野兔相比，家兔不仅在繁殖能力上更胜一筹，在躲避敌人和人类这一点上它们也是专家。它们在土地上掘的洞穴是它们藏身的好地方。在这里，它们抚育它们的幼崽；在这里，它们躲避狼、狐狸和猛禽的追捕；在这里，它们安全地生活；在这里，母兔哺育小兔。直到两个月后，或是等到幼崽有了自主生活的能力后，大兔子才会将它们带出洞穴。

猫

食性　肉食性
体长　0.3 ~ 0.5m
体重　1.7 ~ 10kg

　　猫是一种不忠实的家养动物。若将猫与狗做一个比较，我们可以很清晰地看出，与狗这样一种老实可靠、情感受人影响的动物相比，猫似乎只在乎它们自己。它们的爱是有条件的，只有当它们可以掌握全局时，才会与主人建立感情。狗则与猫大为不同，无论何时何地，狗对主人的感情都是毋庸置疑的。

　　猫的身体十分柔软，可以完美融入一切所处环境之中。它们外表美丽，身体轻盈，动作机敏，毛发洁净。猫慵懒异常，总是能找到最舒适的地方休息。猫眼的特殊结构赋予了它们能对猎物攻其不备的优势。每当光线减弱，它们的瞳孔便会稍稍放大，而光线强烈时则会收缩。猫与其他夜行鸟类一般，它们的瞳孔在夜晚会放大至圆盘状，在白天则收缩至线状，因此，它们在夜晚的视力远远强出日间的水平。在白日，猫的瞳孔会一直收缩，在强光下视物十分费劲。但每当黄昏来临，瞳孔则会恢复至正常状态，这时，它们的眼前会变得明晰，捕获猎物轻而易举。与猫相比，人类和其他动物的瞳孔则没有那么大的变化。

尽管猫与我们生活在同一屋檐下，也不能说它们就是家养动物。猫不受任何事物限制，它们享受自由，为所欲为，没有什么能将它们困住。此外，大多数猫可以看作是半野生动物，它们对主人没有概念，反而会常常造访别人家的谷仓，如果不是饿得不行，它们绝不会跑进家里的厨房或其他房间。

比起对主人的依恋，猫似乎对它们的住所更有感情。每当被带到一个新地方，它们会返回原处。也许是因为在老地方，它们了解所有老鼠的藏身之地，熟知这所房子里的一丝一毫。不过也可能是因为适应一个新地方比返回到原处更费劲吧。猫怕水、畏寒，也不喜欢难闻的味道；它们喜欢晒太阳，喜欢躺在温暖的地方；它们同样钟爱香水味，并且很乐意让喷过香水的人抚摸自己。一旦闻到缬草根[1]的气味，猫便会变得乐颠颠的。如果你想要在花园里种一些缬草根的话，千万记得在周围设上紧密的围栏，因为猫一旦闻到它的味道，就会蜂拥而至，在这株植物旁打转，并且不断地摩擦、踩踏，不久就会

1　缬草，多年生耐寒开花植物，在北半球每年6月至9月是其花期，会开出芬芳的白色或粉红色花朵。缬草的根部，可作为膳食补充剂使用。

把它踩烂。猫到十五至十八个月才会完全长成，但在一岁前它们就能生育，并且一辈子都能进行繁育。

猫的牙齿不仅短，而且排列不佳，只能撕开而不是嚼碎食物，因此猫咀嚼慢且困难，它们更偏爱于质地柔软的饮食。猫喜欢吃鱼，生的熟的都行，它们也常常喝水。猫很浅眠，常常佯装睡觉的样子，实则另有目的。猫的步子轻盈优雅，不会发出任何动静；猫的毛皮整齐洁净，干燥到可以轻易产生静电，每当在夜晚，只要轻轻用手划过它们的毛皮，电花便会清晰可见。就如很多人所说的一样，猫眼在白天吸收光芒，在夜晚绽放光芒，灿若钻石。

狼

食性 **肉食性**
体长 1.3 ~ 2m
体重 30 ~ 80kg

　　一些动物对肉食的渴望十分强烈，狼正是其中一员。大自然不仅赋予狼强健的体魄、狡猾的本性和敏捷的动作，更赐予它们捕猎所需的一切身体条件，因此狼很少饿死。人类已然成为狼最大的敌人，他们花钱捕捉它们，所以狼不得不躲藏在森林里。在这里，很少有动物能够逃脱狼的攻击，但这些"食物"的数量也不足以满足它们的贪欲。狼在一般状态下十分呆滞懦弱，可一旦欲望上头，抑或是出于生存必需，它们就会变得狡猾且勇敢。当饥饿降临，狼会冒着危险前去觅食。它们会攻击人类养的动物，特别是那些可以轻松叼走的，比如说绵羊、小狗，甚至是小孩子。尽管得手，它们还是会故地重游，直到被狗和人类赶走。在白日，它们栖息在居住的洞穴中，夜晚则倾巢而出；它们穿越原野来到村庄，在屋子边仔细找寻，咬死那些上次遗落的猎物；它们会刨开谷仓门下的泥土，而后凶神恶煞地闯入，杀害一切活物，最后叼上猎物逃窜。如果捕猎失败，它们会回到森林里，贪婪地攻击遇见的一切活物。怀着在其他同类的攻击中分一杯羹的想法，狼甚至还会追踪大型动物。当饥饿占领头脑，狼会开始不顾一切地觅食，它们会攻击女人和孩子，甚至会向男人发起进攻。总而言之，狼会因持续的躁动而变得疯狂，最后也会死于疯狂。

狼的生长期大概需要两到三年，寿命则在十五到二十年间，生长期大概占到总寿命的七分之一。随着狼慢慢变老，它们的毛色会变得灰白，牙齿也会随之磨损。狼一般会在吃饱喝足或筋疲力尽后开始睡觉，比起夜晚，它们更偏爱在白日休息，但睡得很浅。狼喜欢喝水，每当干旱来临，树干上的水枯竭后，它们会经常跑到小溪旁汲水。尽管狼是那么的贪婪，但只要有充足的水，它们完全可以在没有肉食的情况下存活四到五天。狼身体健壮，上肢肌肉发达，脖颈和咬肌更是了得。它们可以轻轻松松地将羊叼离地面后带着它们逃走，牧羊人是绝对追不上它们的，只有狗可以与其一战。狼的撕咬非常猛烈，猎物越是挣扎，狼就会咬得越加有力，它们生性谨慎，以这种方法来保护自己。狼天性懦弱，若不是出于生存所需，它们永远都不会主动出击。一旦中弹，它们会哀嚎出声，若是被人类围攻，它们不会像狗一样呜呜咽咽个不停，而是选择沉着应战，拼死保护自己。狼非常野蛮，它们并没有丰富的情感，但要比狗强壮得多。狼可以日夜兼程，是所有动物中最难捕捉的。狗天性温和勇敢，狼虽然野蛮凶残，但本性中夹杂着懦弱。若是踩中了陷阱，狼会十分惊惧地奋力抵抗一会儿，但最后不论是被人类杀死或活捉，它们都不会再进行反抗。如果人类用绳索来捆绑，它们最初会剧烈挣扎，但最后还是会乖乖地跟着走。狼的感官十分敏锐，嗅觉更是无出其右，哪怕隔了四千米，它们对尸体的味道还是非常敏感。同时，它们善于捕获活物的气息，可以通过跟随猎物来进行长时间的进攻。狼一般会逆风而行，行至风口处便停下，在此四处感知肉体的气息，而后准确地分辨出是活物还是死物。比起腐肉，它们对新鲜的血肉更感兴趣，但它们也可以吃下极度腐败的尸体。它们对人类的血肉情有独钟，也许有一天当它们强大到无所畏惧时，便会专挑人类下手。据我们所知，狼一般都是群体出没，群体围攻，继而群体分食倒在地上或是不慎埋在土里的猎物。一旦尝过人肉的味道，它们则会开始攻击人类。比起兽群，还是人肉更符合它们的口味。它们会吞食女人，而后抢走孩子。

狐狸

食性　肉食性
体长　0.45 ~ 0.75m
体重　4.5 ~ 7.5kg

　　狐狸的感官和狼一样敏锐，但它们的嗅觉却更胜一筹。狐狸的发声器官柔软且完善，狼只会嚎叫，但狐狸却可以发出多种声音，比如说短而尖的叫声和长而响亮的吠声，它们甚至可以发出如孔雀般的哀鸣。在不同的情况下，狐狸会发出不同的声音。不论是欲望、悲伤还是痛苦，我们都可以从它们的叫声中知悉。除了受到枪击或是与同伴分离，狐狸很少因其他原因发出声音。它们也如狼一般，当只受到人类的棍棒攻击时，不会发出任何声音，只会勇敢沉默地进行反抗，直到咽下最后一口气。一旦下口，狐狸便会咬得又深又重，没有什么能让它们松口。狐狸的叫声是快速的吠叫，结束之前会提高音量，像是孔雀的哀鸣。在冬季，特别是霜冻期，狐狸会一直鸣叫，夏季则长时间沉默。也同样是在夏季，它们会换毛，小狐狸的皮毛和夏天捕获的狐狸皮毛不够厚重。狐狸的肉不像狼肉那般劣质，狗甚至是人类，会在秋天食用狐狸肉，特别是那些吃了葡萄增肥后的狐狸肉。在冬天，狐狸会长出一身好皮毛。一旦睡着，狐狸便不容易醒，甚至有东西靠近它，它都不知道。狐狸和狗一样，睡觉时会盘着身体，但如果只是短暂的休息，它们则会将后腿伸展开，用肚子贴着地面；在短暂休息的途中，它们会观察那些栖息在树篱上的鸟，并在鸟向它的同伴发出警告前就对它们进行扑杀。特别是松鸦和喜鹊这两种鸟类，它们会跟在狐狸身后，一边追踪着狐狸的运动轨迹一边鸣叫，以此向同伴示警。狐狸身上的味道非常难闻，因此我们需要把它们放置在离屋子较远的地方。也许就是因为我把狐狸放在了较远的地方豢养，它们才会变得比狼还有攻击性，但一般来说，我们不必对狐狸有这样的提防。当长到五六个月时，狐狸便会开始追赶鸡鸭，正因如此我才会将它们用链子拴起来。尽管已经在我身边待了两年多，当被锁起来时，它们永远都不会触碰那些家禽。在夜晚，我常常将母鸡置于狐狸的不远处，尽管之前一直缺少食物，它们也不会忘记自己曾被链子拴过，所以这些母鸡不会受到它们的搅扰。

獾

食性 杂食性
体长 0.5 ~ 0.7m
体重 10 ~ 12kg

　　獾的性格懒散羞怯，是一种独居动物，会在隐蔽的地方挖洞筑巢。獾不仅害怕外界，也十分畏光，一生中四分之三的时间都会待在巢穴里，只有觅食时会短暂离开。獾身体修长，四肢短小，但它们的前爪长且强壮，一般用来挖筑洞穴。獾会将巢筑在地表深处，通往巢穴的小道倾斜且弯曲。与獾相比，狐狸的筑巢能力可远不如，尽管不能阻止獾返回巢穴的脚步，可狐狸总能凭借自己的诡计多端而"鸠占鹊巢"。在争夺巢穴时，狐狸会待在洞口，并在周围留下自己的排泄物，这一招屡试不爽；在獾离开后，狐狸便会正式占领这个洞穴，然后将其改造成自己所需的样子。在被狐狸赶走后，獾不会离开此处，反而会在周围再次筑巢。在白日，獾寸步不离巢穴，只有在夜间才会外出，但每当有风吹草动它便会立刻返回。獾的四肢短小，行动较慢，狗能轻轻松松地追上它们，这归功于狗机警的性格，它们总是能很好地保护自己。当受到攻击时，獾会快速后退，而后凭借其强健的四肢、锋利的前爪和牙齿，以及有力的咬肌持续反击，绝不会白白等死。

以往，当獾的数量较多时，人们往往会通过训练猎犬来搜索并在巢穴里将其捉住，但这并非易事。獾的防御模式是"以退为进"，所以，如果靠向下挖大量的土来捕捉它们的话，要么会把通道堵住，要么会把猎犬埋在通道里。捕獾的可靠方法只有一个，那就是先用猎犬将其逼到洞穴中，而后再在地面上挖开它们的藏身之处。在捕獾时，人们通常会先捉住它们的四肢，而后封住它们的口鼻，以免受到攻击。我曾多次收到被这样捕捉的獾，其中几只还养了很久。年幼的獾非常容易驯养，它们会和狗打闹，也会亦步亦趋地跟随喂养它们的人，年长的獾则野性难驯。它们不像狐狸一样狡猾，也不如狼那样贪婪，可它们也是肉食动物。它们喜食生肉，对其他的肉类、鸡蛋、奶酪、黄油、面包、鱼、水果、坚果、谷物、植物根茎等食物也不抗拒。獾会在睡梦中度过一天中的多数时光，但在冬季，它们却不会像睡鼠和林鼠那样迟钝昏沉。也正是因为这种习惯，哪怕吃得不多，獾也十分肥胖，几天不吃东西都可以活下去。

獾会保持巢穴的极度洁净，不会让排泄物弄脏住处。雄獾和雌獾一般不会待在一起。在雌獾将要生产前，它们会大量收集草，而后把它们捆扎好后拖回巢穴，将其作为它和幼崽的温床。雌獾在夏季生产，一次可产出三到四只幼崽。刚开始它们会用乳汁来喂养幼崽，不久后则用食物进行养育。雌獾会为幼崽捕捉小兔、田鼠、蜥蜴、跳虫等食物，会从鸟巢中偷出鸟蛋，也会挖出掉落在地上的蜂巢中的蜂蜜来为幼崽提供食物，它们还会将食物送到幼崽的嘴边进行喂养。獾生性畏寒，因此它们会常年在巢穴中制造热源而后紧靠于此，哪怕爪子被烫伤也寸步不离，不过一旦烫伤，患处可不容易痊愈。獾非常容易患癣病，一旦狗挖了它们的巢穴，除非随后擦洗干净，不然一定会被传染。獾的毛发非常脏，在肛门和尾巴之间有一处将近一英寸的凹陷，但此处与内部脏器并无连接，常常会淌出一股油状的难闻液体，而獾却非常喜欢舔食此物。獾的肉尝起来还算不错，它们的皮毛往往被制成粗毛皮衣、狗项圈和马饰等物。

貂

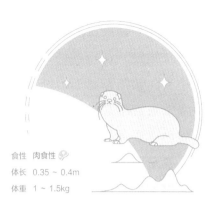

食性 肉食性
体长 0.35 ~ 0.4m
体重 1 ~ 1.5kg

　　一般来说，博物学家会将貂和鼬鼠归为同一类物种。凭借艾尔伯图斯·麦格努斯的理论，康拉德·格斯纳与约翰·雷[1] 这两位博物学家认为貂和鼬鼠会进行交配，但包括我在内的大多数人并不赞同这个观点。在我看来，这两种动物间并不会发生以上行为，因为它们完完全全是两种不同的生物。如果鼬鼠就是野生貂，换个说法，貂就是驯化了的鼬鼠，前者会保持同样的特性，而后者会产生各种变化，这好比野猫的颜色总是保持不变，而家猫的颜色却多种多样。而事实刚好相反，貂没有产生变化，它的特征和鼬鼠一样独特且稳固，单是这一点就可以证明，它们并非同一物种的分支，而是不同的物种。的确，现在并没有证据可以证明貂是家养动物，因为它

1　艾尔伯图斯·麦格努斯（约 1200 ~ 1280），德国理论家、哲学家、神学家；康拉德·格斯纳（1516 ~ 1565），瑞士博物学家、文献学家、医学家；约翰·雷（1627 ~ 1705），英国博物学家。

们甚至还没有狐狸温顺。如狐狸一般，貂也会靠近人类居所寻找猎物，但与其他野兽不同的是，貂与人类的接触并不多。貂与鼬鼠的习性不同，后者不会接近人类住处，通常只会在森林深处活动，它们广泛分布在寒冷地带，其他气候条件中存活的不多。但貂却常常踏足人类居所，甚至还会在废弃的建筑、干草堆和墙洞里筑巢。除了北部的寒冷地带，貂广泛分布在所有气候温和的地域，它们也生活在炎热地区，我们曾在马达加斯加和马尔代夫发现过它们的踪影。

貂拥有着尖尖的脸颊、灵动的双眼、柔软的四肢和灵活的身躯；它们行动迅速，倾向于跳跃而非慢走；仰赖其矫健的身姿，它们善于攀爬，可以轻而易举地闯入鸽舍吞食鸽子和鸽子蛋，同时也能攻击鸡窝、老鼠洞、鼹鼠洞和鸟巢。我曾饲养过一只貂很长时间，它容易驯化到一定程度，但不依恋人类，保留着大部分的野性，这也是我无法放养它的原因。它会和老鼠打架，也会攻击可触碰范围内的一切家禽；哪怕被绳索绑着，它也会常常挣脱；最初只是短暂地在近处闲逛，但倘若在人类身上找不到乐子或腹中空空，它则会如猫狗一般叫喊着讨要食物；慢慢地它会跑得越来越远，直到彻底不见踪影。一岁半时，貂似乎就变得无所不能了，我养的这只就是在这个年纪不告而别的。除了沙拉和各种植物，貂几乎不吃其他东西；它们非常喜欢蜂蜜，在谷物中偏爱麻籽。

我们讨论过貂是不是有经常喝酒的习惯，因为有时候它们可以毫不转醒地睡整整两天，有时候又能两三天完全不休息；貂在睡前会盘起身体，而后将尾巴盖在脸上；刚睡醒时的貂会动个不停，十分暴躁，即使它不去骚扰家禽，我们也需要将其用绳索拴住，不然它会把一切都打碎。我也曾利用陷阱捕捉而后饲养过更年长的貂，但它们更加野性难驯，会攻击一切想要触碰它们的人。在食物方面，年长貂则只对生肉感兴趣。

狮子

食性 肉食性
体长 1.9～3m
体重 120～240kg

　　狮子的外表可将其本身的优越展现得淋漓尽致。它们的身材强健有力，引人注目；它们的神态沉着冷静，勇敢无畏；它们的步伐庄严肃穆，颇具王者风范；它们的嗓音震耳欲聋，可谓威风凛凛。尽管身材强健，但狮子却没有象或犀牛那般巨大，也不似河马与牛那般笨拙。无论怎么看，狮子的体型都是比例得当、矫健有力的，行动起来更是敏捷无比。狮子肌肉发达，身上绝不存在无用的脂肪和组织。它们弹跳轻松，尾部有力，可以轻松地将人扫到地上；狮子的面部表情丰富，可以灵活地活动脸部尤其是额头的皮肤，狂怒时尤其骇人，鬃毛直立，愤怒时则会乍开，让人心惊。以上种种皆可展现出狮子的力量和肌肉的健壮。

　　最大的狮子体长八到九英尺，尾长四英尺，身高四到五英尺；较小的狮子体长五点五英尺，身高三点五英尺，尾长三英尺多[1]。雌性狮子在体长、身高及尾长上则只有雄性的四分之三。狮子饥饿时会扑杀可攻击范围内的一切动物，但由于狮子实在是令人闻风丧胆，所以动物们都会尽可能地避开它们，这就造成了狮子不得不隐匿起来，以此寻找机会攻其不备。它们埋伏在灌木丛中，耐心地等待着猎物的靠近，一旦时机成熟，则会扑上前去一击致命，倘若没有成功捕获，它们则会站在原地一动不动，摆出一副受伤失望的样子。在沙漠和森林中，狮子一般以瞪羚和猴子为食，不过倘若要捕捉猴子，它们只能在地面完成，因为它们不像老虎或美洲狮那样会爬树。狮子一顿便可吃掉两三天量的食物。它们的牙齿坚硬锋利，可以咬碎骨骼，而后将其与血肉一起吞食。据说，狮子非常耐饿，但若是从其性格来讲，它们是无法忍受饥渴的，一旦遇到水源，它们则会前去饮水，其方式与狗十分接近，但舌头会向下弯曲。狮子每天能吃掉十五磅[2]左右的鲜肉；它们喜食活物，尤其是那些它们亲自捕杀的动物；狮子很少以腐烂的尸体为食，宁愿重新捕猎也不愿意吃昨天剩下的残渣。尽管狮子通常都是以鲜肉为食，但它们呼出的气息却十分刺鼻，尿液也十分腥臭。

狮子的咆哮震耳欲聋，若是夜间它们在沙漠中发出

---

1 约等于90厘米。

2 1磅等于0.454千克，15磅即6.81千克。

吼叫，声音会在山间回响，隆隆如雷声一般。咆哮是它们的天性，绵长深沉，缥缈空洞，倘若被激怒，它们则会发出短促重复的低吼。狮子一天中会咆哮五六次，下雨前尤为集中。狮子的怒吼则音量更大，也更令人畏惧；狂怒时它们会用尾巴拍打身侧及脚下的土地，竖起鬃毛，龇牙咧嘴，而后伸出长满倒刺的舌头。仅凭舌头，狮子就能撕开和咀嚼食物，完全不需要牙齿和趾甲的帮助。比起后肢，狮子的头部、咀嚼肌和前肢更加强壮。夜间狮子的视力大大超出其在白日的水平。尽管狮子的睡眠短而浅，可是现在也没有证据表明它们睡觉的时候会把眼睛睁开。

狮子的步伐庄严缓慢，不走直线而是略微倾斜；捕猎时依靠跳跃而很少跑动，动作迅速到不能即刻停止，常常冲出很远。捕捉猎物时狮子的跳跃距离能达到十二到十五英尺，它们会用前肢抓住猎物，而后用爪撕裂开来，最后用牙齿嚼碎吞食。年富力强时狮子们往往选择依靠捕猎过活，很少离开沙漠和丛林，在这里，它们能找到充足的食物；但一旦老去，身体不再轻盈，行动不再敏捷，它们则会踏足人类的地盘，威胁人类和家养动物。现有的证据表明，倘若人类和其他动物一齐出现在狮子面前，它们往往会选择攻击后者，除非是被人类所伤，不然它们永远不会主动攻击人类。倘若同时面对以上两者，它们可以轻而易举地分辨出伤害的来源，而后放弃猎物进行报复。据说，与其他肉类相比，狮子更加偏爱骆驼肉。它们也喜食幼象，因为在此时小象们还无法反抗狮子的攻击，象牙也还没有长出；当小象周围没有母象或其他如犀牛、河马等足以与狮子一战的动物时，狮子则会进行快速的捕杀。

老虎

食性 肉食性
体长 2.5 ~ 3.9m
体重 158 ~ 265kg

　　狮子是所有食肉动物中最引人注目的，老虎紧随其后。狮子有的缺点老虎都有，但狮子具备的长处老虎却一点都不沾边。狮子骄傲、勇敢、强健，性格宽容大度，可老虎在任何状况下都十分凶残。第一等动物高高在上，狮子和仅次于它们的老虎相比，不至于那么凶残，而后者虽然没有无限的力量，但会滥用自己所拥有的能力。因此，老虎比狮子更为可怕。狮子总是会忘记它自然界霸主的地位，习惯漫步于平原和森林，除非被人类冒犯，不然狮子绝不会主动攻击，并且会只在非常饥饿的状态下捕杀其他动物。老虎则是另一个极端，哪怕已经填饱了肚子，却仍然贪得无厌，阴险狠毒。它们会无差别地攻击可触碰范围内的一切动物，将其撕作碎片，循环往复。老虎走到哪里，便会把灾难带到哪里，但它们却并不畏惧人类和各类武器。如果遇到一群家畜，老虎会闯入其中而后将它们全部杀害；倘若有动物不小心挡了道，它们也会扑上前去给对方一个了结。老虎会攻击小象和犀牛，有时候还会和狮子单挑。

动物的身体构造往往能令其在不同环境下生存。狮子四肢的长度与身长呈比例，肩颈和脸颊上长满了坚硬浓密的鬣毛；它们气质高贵，拥有着坚毅的外表和庄严的步伐，而这一切都彰显了它们尊贵的品质和天性。老虎的躯干特别长，但四肢却非常短，它们的头部没有长毛覆盖，两眼无神，性情凶残且贪婪。

但或许老虎是唯一一种绝不屈服的动物，无论是监禁殴打，还是甜言蜜语，都无法让它们有丝毫动摇。不管主人是温柔对待还是使用暴力，时间都不会磨平它们的本性，只会让其变得越来越残暴；不管主人是前来喂食还是责打，它们都会扑上前去啃咬主人的手。哪怕被链子拴住，当看见活物时，老虎也会高声嚎叫，就好像一切都是它们的捕猎对象；它们用视线蚕食猎物，微微咧嘴进行恐吓，尽管无法脱离捆绑，但还是会扑上前去。

鬣狗

食性　肉食性
体长　0.95 ~ 1.06m
体重　49 ~ 79kg

　　鬣狗应该是四足动物中唯——种四指动物。如獾一般，鬣狗的尾巴下方也有一处小孔；它的耳朵长且直，上面没有毛发覆盖；与狼相比，它的脑袋比较短，更接近四方形；四肢则比狼要长，尤其是后腿；它的眼睛与狗的眼睛十分相似；毛发卷曲呈深灰色，其中也夹杂着少许黄色和黑色的长毛；尽管体型与狼类似，但它的外表却不如狼那般舒展。

　　鬣狗栖息在山洞、岩石裂缝，或地面上自己挖的巢穴里。它们天性残暴，哪怕在幼时就被驯养，却永不服从。鬣狗靠劫掠过活，生活方式与狼相似，但却更加强壮和大胆。有时鬣狗会攻击人类，可一旦遇到牛，它们则会马上扑上前去进行屠杀；它们会尾随家禽，甚至还会在夜晚冲进羊圈叼走猎物。鬣狗的眼睛在夜里闪闪发亮，因此它们晚上的视力要大大超出其在白天的水平。

所有饲养过鬣狗的博物学家都称鬣狗的叫声与人呕吐的声音十分相似，但坎普法[1]却不这么认为，他坚信其更像牛鸣的声音。鬣狗敢与狮子搏斗，面对豹子时没有丝毫畏惧，同时也能攻击对它毫无招架之力的雪豹。倘若捕猎失败，它们则会挖出栖息地下胡乱埋葬的人类和动物的尸体，而后撕碎进食。鬣狗分布在非洲和亚洲的炎热地带，有猜测称马达加斯加岛上一种名为弗拉斯的动物和鬣狗本属一种，这种动物拥有着与狼相似的体型，但却更加健壮。

---

1 坎普法（1651～1716），德国医学家、博物学家。

臭鼬

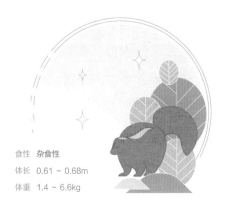

食性 杂食性
体长 0.61 ~ 0.68m
体重 1.4 ~ 6.6kg

　　臭鼬的性情、习惯及外表都与貂极为相似。如后者一般，臭鼬会接近人类的居所，它们会爬上屋顶，而后在干草堆、谷仓或是人类不常使用的地方筑巢。臭鼬习惯在夜间外出活动，跟貂一样，它们的行动极其隐秘，几乎不会发出任何声音。不过倘若论起破坏功力，臭鼬就更胜一筹了，它们会溜进农家宅院、鸟舍或鸽子笼里拧断猎物的脖子，而后将其一只只地拖回巢穴饱餐一顿。如果臭鼬无法从狭小的洞口将猎物整个拖出时——这种事经常发生——它们则会选择当场吃掉猎物的脑髓，然后将剩下的头部带走。臭鼬非常爱吃蜂蜜，会在冬季攻击蜂巢，迫使蜜蜂离开而后摘得硕果。臭鼬几乎不会去离巢穴很远的地方。它们在春季交配，雄性臭鼬会为争取雌性而与同类在房顶或是屋棚上交战，交配后雄性便会离开，随后跑到牧场或是树林里度过夏天，可雌性却会待在巢穴中养育后代，直到夏末才将其带出。雌性臭鼬一胎可生下三到五只幼崽，它们的哺乳期不会太长，会让幼崽们尽快以鲜血和鸟蛋为食。

倘若栖息在人类居所附近，臭鼬会靠家禽过活；不过要是生活在牧场或是树林里，它们则会开始捕猎；在此处，它们会在兔子窝、岩石缝或树洞里筑巢，昼伏夜出，奇袭山鹑、云雀和鹌鹑的巢穴。同时，它们也会爬树来攻击其他鸟类。

臭鼬会搜寻老鼠、田鼠和鼹鼠的踪迹，也会捕猎兔子，在猎物逃窜前就轻松钻进它们的老巢抓住它们。仅仅几只臭鼬就能缴获一窝兔子，这也是一种减少泛滥成灾的兔子的好办法。

臭鼬的体格稍小于貂。臭鼬的尾巴更短，鼻部更尖，毛发更黑且更浓密。额头上覆盖着一些白色的长毛，主要长在鼻周和嘴边。臭鼬和貂的叫声大不相同，前者低沉，后者响亮，但倘若被惹怒，它们则会和松鼠趋于一致，不停地发出尖锐且刺耳的叫声。臭鼬和貂的味道也是千差万别，前者差强人意，后者臭不可闻。当被惹怒时，臭鼬会向目标喷出臭气，绵延数米。狗对臭鼬的肉不感兴趣。尽管臭鼬的皮毛对其自身十分重要，但对人类来说却不值一文，因为无论怎样处理，上面都会沾染着挥散不去的臭味。臭鼬的肛门旁长有两个小小的臭腺，此处不仅会喷出臭气，也会分泌出一种难闻的油状物质。雪貂、黄鼠狼和獾等动物也长有相似的臭腺，但麝猫、松鼬和其他动物的臭腺却会分泌出一种芳香的物质。

黄鼠狼

食性 肉食性
体长 0.28 ~ 0.4m
体重 2.1 ~ 12kg

　　黄鼠狼大多生活在热带与温带地区，寒带少见，貂则与它相反，它们大多分布在北部低温地区，温带少有，热带更是无迹可寻。因此，生存环境的不同导致了这两种生物的泾渭分明。但同时，环境也许会混淆这两者的界限——为人熟知的黄鼠狼在冬季有时也会如貂一般变成白色，在这一点上二者相似。然而，在很多方面它们则大不相同。貂的皮毛在夏季为红色，冬季为白色，但不管身上的颜色怎么变，尾巴的末端却一直都是黑色；黄鼠狼的尾巴末端为黄色，在冬季则会变成白色。黄鼠狼的体形比貂要小很多，尾巴也比貂的要短。黄鼠狼与貂都不会刻意避开人类居所从而选择栖息在丛林或沙漠中。我曾同时饲养这两种动物，但并没有找到任何证据来证明，在生存环境与性格方面存在不同的动物会进行交配。在黄鼠狼族群中，的确存在着体形较大的一部分，但它们也不会大上多少，与普通同类相比，身长的差距绝不会超过一英寸；貂则比黄鼠狼要大得多，普通貂的身长相比于最大的黄鼠狼要足足多出两英寸。黄鼠狼与貂都不会被驯服，需要被一直锁在笼中。它们都不爱吃蜂蜜，也不会如臭鼬一般洗劫蜂巢，因此，我们可知貂并不是野生的黄鼠狼。亚里士多德称，野生黄鼠狼不仅易驯服，且钟爱蜂蜜。黄鼠狼和貂极不易驯服，倘若被人一直关注，它们甚至会拒绝进食，还会骚动不已，努力隐藏自己。如果人类想要饲养它们，则需要为它们提供一些毛料或是亚麻，因为它们不仅会藏身其中，更会把食物储存于此，直到夜晚才开始进食。它们不喜鲜肉，会把肉放上个两三天直到快要腐烂时才吃掉。在一天中，黄鼠狼和貂只会睡三小时左右，哪怕被放生，它们也会留出夜晚的时间来捕猎。当黄鼠狼闯进鸡舍后，它们绝不会与公鸡和老母鸡过多纠缠，而是会选择攻击小鸡，咬住其头部一击致命，随后一个接一个地叼走；它们也会打碎鸡蛋，而后贪婪地吮吸。在冬季，黄鼠狼会栖息于谷仓或是干草棚中；当春季来临，雌黄鼠狼会继续待在原地，在干草中哺育幼崽，在此期间，雌黄鼠狼会捕杀老鼠，成功率远远超出猫，因为它们在捕猎时会跟在老鼠身后，在洞中堵住不让其逃窜。它们还会爬上鸽舍扑杀鸽子，也会在鸟巢中吞食麻雀和其他鸟类。在夏季，黄鼠狼会进行搬迁，重新选择居所，它们往往青睐磨坊或溪流等地势低平处，在灌木中隐匿起来扑杀鸟类；它们有时也会选择在老柳树上筑巢，雌黄鼠狼会在此喂养幼崽，并为幼崽准备好铺满各类草和叶子的床褥。雌黄鼠狼一般在春季产崽，一次能生下三到五只。幼崽刚生下来时双眼紧闭，但它们成长迅速，很快便能跟随母亲外出捕猎。它们会攻击蟒蛇、河鼠、鼹鼠和田鼠等动物，也会横穿草场吞食鹌鹑和鹌鹑蛋。黄鼠狼不会有规律地漫步，而是依靠弹跳前进；当准备爬树时，它们会跳跃着向上，一次可跳出数英寸的高度；捕杀鸟类时它们也会选择跳跃着向前。

　　黄鼠狼也同样拥有着臭不可闻的体味，夏天时味道比冬天更浓郁；当被追捕或是被激怒时，它们会朝空气中喷出恶臭，散发至远处。黄鼠狼行动诡秘，从不出声，但倘若受到攻击，则会发出低沉愤怒的叫声。由于本身恶臭的体味，它们似乎不会被其他臭味所扰。

松鼠

食性 杂食性
体长 0.18 ~ 0.26m
体重 0.8 ~ 0.9kg

　　松鼠是一种半野生动物，它娇小玲珑，温驯可爱，所以我们基本可以把它从野生动物这一类中划去。尽管有时松鼠会捕杀鸟类，但它们并不是食肉动物，也不具备攻击性；它们主要以水果、杏仁、坚果、山毛榉果实和橡子为食。松鼠外表靓丽，富有生气，勤劳肯干；它们眼眸晶亮，表情丰富，动作敏捷，四肢柔软；松鼠有着如一片羽毛般的蓬松尾巴，平日里它们会将其高高竖起，为自己遮蔽阳光，而尾巴也为它们的美丽添砖加瓦。松鼠腹部下面有一个显著的生殖器官，标志着强大的繁殖能力。跟其他的四足动物相比，松鼠是最名不副实的了。它们一般保持直立的状态，前肢常常像人类的手一般用来辅助进食。松鼠不会藏于地下，一般在地面活动，仰赖其轻盈的身体和敏捷的动作靠近鸟类；如鸟一般，它们栖息在树顶，穿越丛林，在枝干间跳跃，在树上筑巢，收集谷物和种子，吮吸露水，除非是树被狂风吹得东倒西歪，不然它们绝不会回到地面。松鼠绝不会出现在原野或是开阔地带；它们不会靠近人类居所，也不会在灌木丛或是草丛中停留，而是栖息在森林中的大树上。与地面相比，松鼠对水避之不及，据说当松鼠想要过河时，它们会以树皮为船，尾巴为桨，努力划动到达彼岸。松鼠不像睡鼠那般会冬眠，无论何时都是一副神气活现的样子，因此，当所处的树干晃动时，它们会快速跳到其他树上或隐匿在枝干底下。在夏季，松鼠会收集大量的坚果而后将其藏于树洞中，冬季来临则会美美地享用。不过就算是在冬季，当路过埋有坚果的地方时，它们也会努力刨开雪地从而将下面的坚果挖出。与貂的叫声相比，松鼠的声音更加响亮尖锐，当被激怒时，它们会发出响亮的怨气满满的声音。松鼠行动敏捷，依靠跳跃前进，四爪锋利，身体轻盈，可以轻而易举地爬上一棵山毛榉，所过之处树皮无比光滑。

在晴朗的夏季夜晚，松鼠们会互相追逐着在树干上嬉戏。当天气炎热时，它们白日会待在巢穴中，夜晚才出来觅食、交配、活动和消遣。松鼠的巢穴洁净温暖，坚固防水，常常坐落于粗壮树干的分叉处。筑巢时，它们会首先找来许多细枝，并在其中混入许多苔藓，继而堆砌成形。随后它们便会在上面不停地踩踏加固，确保此处可以作为它们和幼崽的栖息地。它们在接近巢穴顶端处做一个出口，大小刚好可以容纳自己进出，出口上端会修建一个笼罩整个巢穴的圆锥形屋顶，下雨时雨水则会从屋顶两端流下。雌松鼠一次可产下三到四只幼崽，它们在春天交配，生产时间常在三月底或是六月初。松鼠会在冬季来临前换毛，新长出的毛发比换下的颜色要更红一些；它们常会用前肢和牙齿梳理毛发，因此松鼠浑身洁净，没有异味。

鼠

食性　杂食性
体长　0.17 ~ 0.2m
体重　0.3 ~ 0.9kg

　　在体形上，家鼠比田鼠要小得多，但在数量和种属上却大大超出后者。这两者的天性与性格完全相同；可家鼠远不如田鼠强壮，因此养成了许多与后者不同的习性。家鼠生来胆怯，对必需品十分熟悉，恐惧与生存所需是它们行动的源由。一般来说，家鼠从不会离开自己的巢穴，只有觅食时才会外出，它们也不会像田鼠一般在不同人家间乱窜，除非是被逼无奈，它们也不淘气。家鼠动作轻柔，在某种程度上可驯服，但不会对人产生感情，想想也是，它们怎么会爱上一直努力给它们设圈套的人呢？尽管不如田鼠强壮，但家鼠的敌人却比田鼠要多得多，在遭遇危险时只能依靠自己行动的敏捷和身材的娇小逃出生天。猫头鹰、食肉鸟、猫、黄鼠狼和田鼠都是它的敌人，人类更是与它水火不容，依靠陷阱和其他方法消灭过成千上万的家鼠。要不是依靠自身强大的繁殖能力，它们也许早就不复存在了吧。家鼠四季皆可产仔，一年可生产多次，一胎可产下五到六只，幼崽在十五天内就能独立谋生。正是因为成熟得快，它们的寿命也非常短，这一天性也可以让我们更加坚信它们拥有强大的繁殖能力。亚里士多德告诉我们，他曾经将一只怀孕的雌鼠放入一个装满玉米的容器，不久后他便发现容器中有一百二十只由同一雌鼠产下的幼崽。

家鼠的样子不但不丑陋，反倒灵动可爱，人类并不害怕它们，但有时却会被它们惊吓和困扰。家鼠的腹部下方均呈白色，有些通体雪白，其他的也差不多都是棕色或黑色。家鼠分布在欧洲、亚洲和非洲，哪怕现在美洲大陆上也存在着许多，但据说它们都是被人类从欧洲带到此处的。尽管家鼠十分畏惧人类社会，但它们却与人类社会息息相关，这也许是因为它们天生就被人类的食物所吸引，如面包、奶酪、培根、食用油、黄油等。

鼹鼠

食性　杂食性
体长　0.1～0.2m
体重　0.02～0.1kg

　　尽管没有到完全看不见的程度，但鼹鼠的眼睛非常小，隐藏在毛发中，视力极差。自然给予了鼹鼠灵敏的第六感。在所有动物中，鼹鼠的器官最为丰富，由此也带来了相应的感知能力。鼹鼠的听觉和触觉非常灵敏；皮肤丝滑如缎，四爪上各长有五个指头，形态与其他四足动物不一致，但与人类十分相像。鼹鼠的力量与其身体大小成正比，伴侣间感情深厚，但都十分畏惧人类社会。它们享受安静的独处，而这也是一种保护自己的艺术，凭借这种方式，它们可以快速为自己修建并扩张避难的地方，也可以在不放弃此处的同时谋得生存所需。以上种种皆是来自鼹鼠的性格、行为和聪明才智，这无疑比那些杰出的品质更适合它们，但这些品质和失明比起来，似乎与幸福快乐愈加格格不入了。

　　一般来说，鼹鼠都会关闭巢穴的入口，并且很少外出，除非是被大雨逼得无路可走或是栖身处被人类捣毁。它们喜欢在耕地中筑巢，从不会选择在泥地、硬土地或石头地里栖息。它们偏爱遍布着植物根茎、昆虫和蠕虫的软土，因为这些东西是它们主要的食物。正是因为它们常年待在地下，所以它们的天敌很少，也能轻易逃脱食肉动物的追捕。对于鼹鼠来说，最大的灾难就是洪水来袭，曾有人见到过它们成群结队地在洪水中奋力前进，努力游向高地。但还是有一大部分的鼹鼠在洪水中死去，留在洞中的幼崽也难逃其难。不过倘若没有这些灾难困扰，凭借自身强大的繁殖能力，鼹鼠会给农民带来更多不便。它们在初春进行交配，最早在五月便能产下幼崽，一般来说，雌性鼹鼠一胎能产下四到五只。鼹鼠丘是非常容易辨别的，因为它们高度更高，外表也更美观。我认为鼹鼠一年应该不止生育一次，但现在还不能完全确定。不过我的想法应该是正确的，因为从四月到八月，我们都可以发现鼹鼠幼崽，然而，这也许是因为有些鼹鼠的交配时间比那些在初春就交配的同类要晚上一些。

刺猬

食性　杂食性
体长　0.1～0.2m
体重　2.5～2.8kg

　　刺猬天赋异禀，拥有得天独厚的防御能力。尽管柔弱且动作迟缓，但自然却赋予了它们带刺的铠甲，遇到危险时它们便会团成球状，用身体上遍布的尖刺进行防御。它们对外界的恐惧也是另一种保护自己的利器，当受到攻击时，刺猬会排泄出腥臭难闻的尿液，洒向敌人全身，令其恶心不已，导致敌人放弃追捕。因此，狗从来都只会对着它们狂吠，从不会尝试着上前抓住它们。然而，狐狸却有办法降服刺猬，它们会想办法弄伤刺猬的脚，使血流到它们嘴里。但对黄鼠狼、貂、臭猫、雪貂或是食肉鸟这样的动物，刺猬就无所畏惧了。

　　所有的刺猬从头到尾都覆盖着许多尖刺，腹部仅有毛发，尽管它们的"武器"在对敌时十分管用，但也造成了许多不便，因为刺猬无法像其他四足动物一样聚在一起，只能面对面站立或躺下。刺猬在春天交配，夏初生产。我常常在六月里拿到雌刺猬和它们的幼崽，它们一次可产下三到五只，幼崽刚出生时呈白色，身上只有刺痕。我十分渴望能饲养它们，于是将它们连同喝水槽一起放进了一个桶中，同时在里面放置了许多鲜肉、面包、麸皮和水果，但是，雌性并不会用这些食物来哺育幼崽，反而自己将它们一个个吞食。这令我非常惊奇，平日里懒散温顺的动物在分娩时期竟然会表现得那么不耐烦。曾有一次一只刺猬溜进了厨房，从一口小锅里偷走了一些肉，而后便用粪便把它们弄脏了。我也曾将雄刺猬和雌刺猬一同放在一个箱子里，但尽管所处一地，它们却并没有进行交配。我将其中几只放进了我的花园，可它们对花园的破坏并不大，就像不存在似的。它们以自然坠落的果子为食，用口鼻部在土地上挖洞。毛虫、蠕虫、甲壳虫和植物根茎都是它们的食物，它们也十分钟爱肉类，不管是生的还是熟的。

在野外，刺猬经常出没于树林中、老树干下、岩石缝中和葡萄园里。尽管已被证实，但我还是不相信它们会爬树，也不认为它们会用身上的刺来运输果实。刺猬用嘴咬住一切食物，尽管它们遍布于我们的森林中，但我从没听说它们在树上被人发现，它们永远都藏身于洼地或苔藓下。在白日，它们并不活跃，只有在夜里才会到处走动。刺猬很少靠近人类居所，它们偏爱干燥且地势较高的地方，可有时也会在草地上活动。受到攻击时，刺猬不会逃跑或用牙齿还击，而是会将身体团成球状，只有将其投入冷水中才会舒展开来。它们是冬眠动物，因此，如果它们真的会在夏季收集食物，那这些动作简直是白费功夫。刺猬从不会吃很多，在没有食物的情况下也可以存活很久。如所有的冬眠动物一般，它们也是冷血动物；刺猬的肉并不好吃，皮毛也没有任何用处，尽管在过去可以用来做成毛刷。

熊

食性 杂食性
体长 1.5～1.7m
体重 150～800kg

　　熊是野蛮的，而且独居。它们在人烟罕至处和地势险峻的悬崖上筑巢，也会选择在森林最暗处、自然形成的洞穴中，以及腐烂的老树干里栖息。熊在巢穴中独自度过冬天，不吃不喝，从不外出。但它们却并不像睡鼠和土拨鼠那样毫无知觉，反而会在秋末时吃得膘肥体壮而后再回到巢穴中，依靠身上的脂肪度过寒冬。在彻底精疲力竭前，它们是不会回去冬眠的。我们得知，公熊在四十天后便会离开巢穴，但母熊却会在此处待上四个月，并在这段时间里进行生产。母熊们不是仅仅只给幼崽们提供一点食物，而是努力地喂养它们，因此我并不太相信在这段时间内母熊会完全不进食。我承认，当与幼崽同处一处时，母熊们非常肥胖，身体上覆盖着厚厚的毛发，在睡梦中度过一天中的多数时光，毫不运动，出汗也几乎不能减轻重量。但倘若以上种种皆为事实的话，当公熊在四十天的冬眠后被饥饿唤醒时，在母熊哺育完后，它们也应该感受到同样的饥渴，当然我认为它们是不会吃掉后代的。

熊的叫声粗糙刺耳，当被激怒时，牙齿摩擦的声音令其更加可怖。熊是易怒的，性情暴虐，反复无常。然而，熊对它的主人却是温驯无比，因此需要我们细心对待，永不猜疑，人类永远都不能攻击熊的鼻子和生殖器官。熊是可以学会用后腿站立和跳舞的，尽管舞蹈动作笨拙迟缓，但倘若要教会这些，则需要在它们年幼时就开始饲养，且时常教育。年长的熊则不会被驯服，对人类也没有敬畏之心，哪怕它们并没有那么勇敢，但至少也会表现出对危险的无畏。野熊一般不会改变自己的行进路线，也不会刻意避开人类，据说当听到某种哨声时，它们会立马变得惊慌失措，而后直立身体，用后腿站立。这时，人类便可以开始努力射杀它们，因为倘若只是被子弹打伤，熊会立即暴怒，而后扑上前来用前爪紧紧环住并勒死开枪者，除非别人帮他一把，不然此人一定难逃一死。

尽管与体形相比，熊的眼睛很小，耳朵很短且皮肤粗糙，浑身覆盖着一层厚厚的毛发，但它的视觉、听觉和触觉却十分灵敏。相较于其他动物，熊的体味也许更加浓郁。熊的鼻子内表面很宽，能够敏锐地嗅到不同的气味。它们的四肢如人类一般肉感十足，就像我们用拳头攻击一样，它们也用爪子击打目标；熊也有一根短短的跟骨构成脚底，它们的拇指与其他指头相连，最大的手指位于外侧。

浣熊

食性 肉食性
体长 0.65 ~ 0.75m
体重 6 ~ 28kg

　　我曾将一只浣熊饲养了十二个月多。它的体型和较小的獾相似，身材较短且笨重，毛发长而厚，除尖端呈黑色外其他部分呈灰色；脑袋与狐狸相像，但耳朵短且圆；眼睛大，呈黄绿色，眼周覆盖着长条形的黑色环带；口鼻部呈尖状且向上微翘；上唇比下唇更突出；如狗一般，两颚各有六颗切齿和两颗犬牙；尾巴毛茸茸的，长度至少与身体相等，从起始到尖端逐渐变细，上面布满了黑白相间的环纹；前肢要比后肢短得多，每只爪子上都有五个指头，指甲十分锋利。浣熊进食时会用前爪拿住食物，但由于指头并不灵活，一爪无法掌控，所以必须用双爪来辅助进食。

　　尽管浣熊的身材短而笨重，但它们却充满活力。尖尖的爪子让爬树变得轻而易举，它们可以很容易地爬上树干，稳稳地在树梢嬉戏。在地面上时，浣熊一般跳跃着前进，尽管前进路线较为倾斜，但步伐却敏捷轻巧。浣熊原生于美洲南部，从未踏足过欧洲大陆，至少旅人们从未提及过他们曾在那儿见过它们。然而，浣熊却遍布于美洲大陆，在牙买加尤为密集。在那里，它们住在山上，经常下山啃食甘蔗。尽管不畏寒冷，但我们却从未在加拿大或是美洲的北部地区见过它们的踪影。克莱因先生曾在但特泽克饲养过一只浣熊。我的那只一整晚都将脚放在冰里，但它却并没有感到不适。

　　一旦拿到食物，浣熊便会将它们放入水中清洗，但如果将面包放进水里，它们可就再也拿不出来了，除非是饿得不行，不然浣熊一定会将食物浸泡一番。它们四处觅食，看到什么就吃什么，无论是鲜肉、加工好的肉、熟肉、鱼、鸡蛋、活鸡、谷物，还是植物根茎等都照单全收。浣熊也同样吞食昆虫，爱好猎取蜘蛛，当在花园里自由活动时，它们最爱捕捉蜗牛、蠕虫和甲壳虫。浣熊钟爱食糖、牛奶和一切甜味食物，不过水果除外，但它们也喜欢肉和鱼。浣熊在僻静处排泄，是一种温驯甚至乞怜的动物，它们会跳到喜欢的人身上与他们玩耍，身体洁净，活泼好动，拥有狐猴和狗的一些特性。

大象

食性 植食性
体长 6 ~ 7.5m
体重 3000 ~ 8000kg

　　大象是这世界上除人类之外最值得关注的动物。它的体形之庞大超过了所有的陆地生物，并且理解能力和人类相当，至少它能够辨识物体。在所有生灵中，大象、狗、海狸和猿类动物拥有着最绝妙的本能，而这些本能只是它们内在和外在机能的产物，让它们在各自的物种中显得卓越超群。

　　在野性犹在的状态下，大象既不嗜血也不凶猛。大象性情温和，从不恶意使用它的武器和力量，只有在自卫或保护自己的同类时才会运用它们。大象习惯群居，因此它们很少独自游荡。大象一同成群而行，最年长的大象走在最前头，壮年的大象守在象群尾部，小象和瘦弱的大象则走在中间。雌象带着小象，用躯干将它们紧紧护住。大象常见的食物有树根、草本植物、树叶，以及嫩枝，它们也吃水果和玉米，但是并不喜欢肉和鱼。

当一头大象发现了一片芳草地，它会号召它的同类，邀请它们一起来享用这美味。大象的食量很大，所以它们不得不经常换地。当大象发现耕地，会造成惊人的破坏。由于大象的躯体重量巨大，它们的脚所造成的破坏是它们食量的十倍之多（每日的食量大概为一百五十磅草）。而且大象经常成群而出，它们可以在一小时之内在一大片土地上造成巨大的浪费。因此印度人和黑人们想穷尽办法来避免它们的侵袭，并通过制造巨大的噪音和在耕地周围点燃大火来驱赶它们。然而大象无视人类的预防措施，赶走牲畜和人类，有时甚至会推倒人类的小屋。要使大象感到害怕非常困难，因为它们很少能感知恐惧。唯一能阻挡大象前进的就是扔向它们的爆竹烟花，突然而又重复的噪音有时候能让它们悻悻而归。让大象彼此分散也非常困难，因为它们一般会一起行动，无论是攻击、前进，还是撤退。

尽管大象比其他动物拥有更长久的记忆和卓越的智力，但它们的大脑相较于其他动物在身体比例上则要小很多。我认为这正是大脑并非性情基床的证据，恰恰相反，大象的感觉中枢分布于大象躯干的众多感知神经和头部的膜皮。尽管大象有着庞大的体积和不成比例的构造，依靠着躯干里机能的独特组合，才使得大象比其他动物在智力上更为卓越。大象同时也是智慧的奇迹和理智的猛兽。大象的躯体厚实毫无柔性；脖子短且僵硬，头小而畸形，耳朵和鼻子则显得过于庞大；大象的眼睛、嘴巴、生殖器官和尾巴就尺寸比例而言显得非常小；大象的大腿犹如四根巨柱，笔直且僵硬；脚掌短且小，几乎无法察觉；皮肤粗厚且坚硬。所有这些畸形以极大规模并存于大象躯体中，而且大多数为大象特有。没有一种生物拥有大象般的头、脚、鼻子、耳朵和獠牙。

大象脚和腿的构造也和其他动物不同。大象的前腿看起来比后腿长些，然而它的后腿却是最长的。大象的后腿并不像马或牛的后腿那样弯曲成为两个部分，马或牛的后腿骨似乎和臀部互为一体，膝盖贴近肚子，脚部的骨骼是又高又长，看上去是构成了腿的大部分。大象恰恰相反，脚非常短且贴近地面。它的膝盖像人类一样长在腿中间。大象短短的脚掌又分叉为五个脚趾，被皮肤包裹着，避免直接露出。我们人类只能观察到大象的趾甲，即使大象的脚趾数量是恒定的，因为它们的脚需要五个脚趾站立在地面上，但它们的趾甲数量不尽相同，一般都有五个趾甲，但有时最多四个，有时不超过三个，在这种情况下，趾甲的数量与脚趾数量并不完全相符。然而这种差异性只体现在运达欧洲的大象身上，因此似乎是偶然性的，也取决于大象在年轻时期所遭受的对待。大象脚底也有一层皮肤覆盖，如马蹄般坚硬，脚印在地上呈圆形。大象的趾甲也是由和脚底皮肤相同的成分构成的。

大象的耳朵非常长，它可以把耳朵用作扇子，心情愉悦时就会扇动它们。大象的尾巴比耳朵短，一般在三英尺长左右。大象尾巴显得细长且锐利，尾巴尽头装饰着一簇油亮的黑色硬鬃。这些鬃毛像电线般粗大坚固，仅凭人类用手拉扯的力量完全无法折断，即便这些鬃毛是柔软且具有弹性的。

犀牛

食性 植食性
体长 2.2~4.5m
体重 1400~5000kg

　　犀牛是列在大象之后最为强壮的陆生动物，从它的鼻子算起到尾巴，它至少有十二英尺长，六到七英尺高。犀牛的胸围几乎和它的体长相同。因此，大体上犀牛和大象很相似，有些犀牛外表上看上去小一些，那是因为它的大腿在高度比例上比大象的腿要短。

　　但和睿智的大象相比，犀牛在自然感官和智力上与大象相去甚远，犀牛仅仅继承了大自然母亲赋予其他动物一般的能力。犀牛的皮肤没有知觉，也没有器官来实现手部的目的，即清晰的触觉。相比于大象有鼻子，它只有一张可以移动的嘴唇，汇聚了犀牛所有的灵巧。犀牛只在力量和体积上胜过其他动物，以及它所独有的长在鼻子上的进攻性武器。非常坚硬的犀角是它的武器，通体坚固，生长在优于其他反刍动物的位置。其他反刍动物的角只能保护头和脖子的上部，而犀角则可以保护犀牛的嘴部和脸部，使其免受伤害。这就是为什么老虎更能轻易地通过抓住象鼻来攻击大象，而无法从正面对犀牛下手，因为老虎有被犀角撕裂的危险。一层无法穿透的皮肤覆盖着犀牛的躯干和四肢，让它无惧老虎和狮子的爪牙，也不怕猎人的火和武器。犀牛皮肤和大象一样是呈黑色的，但是比大象皮肤更厚实坚固，因此犀牛也感觉不到蚊虫的叮咬。犀牛的皮肤无法收缩延展，由它脖子、肩膀和臀部的皱纹来折叠合拢，以便于犀牛头部和腿部的运动。犀牛腿部巨大，长着三个庞大的脚趾。在尺寸比例上，犀牛的头部相比于身体要大于大象，但犀牛的眼睛依旧很小，几乎无法完全张开。犀牛的上颚附在下颚上面，上唇可以移动，可以延长六到七英寸。犀牛嘴唇的边缘非常锐利，得以如象鼻般聚拢草叶并将其分拨成束。犀牛肌肉发达且灵活的嘴唇就像一只不够完美的象鼻，但却同样能够用力握住物体或精准地去感知外界。不同于作为大象武器的乳白色獠牙，犀牛拥有一个强大的角和长在上下颚中的四颗切牙。犀牛有着大象所不具备的四颗切牙，它们彼此距离很远，分别位于两颚的不同角落和角度。下颚前部呈方形，内部除了两颗被嘴唇覆盖的切牙外没有其他切牙。但是除了这四颗切牙之外，犀牛还有二十四颗小牙齿，上下颚的两边都各长着六颗。犀牛的耳朵一直保持着直立的状态，形态类似公猪的耳朵，只是就耳朵大小相比身体而言，犀牛的耳朵比例更小，这也是它们身上唯一长毛的部位。犀牛尾巴上长有一簇如大象尾巴般的黑色鬃毛，非常硬且坚固。

骆驼

食性 植食性
体长 约3m
体重 453～725kg

    单峰骆驼和双峰骆驼这两个名称并不是两个不同的物种，它们只是两个不同的、在太古时期的骆驼物种中存活下来的科属。骆驼最重要的（或许也是唯一可以察觉），并让它们区别于其他动物的特征便是它们后背上的驼峰。单峰骆驼只有一只驼峰，也不像其他骆驼那么强壮。但单峰骆驼和双峰骆驼彼此群聚和交配，它们的杂交品种相比于其他骆驼更充满活力且珍贵。

    这些杂交骆驼形成了次级科属，它们与自己科属的骆驼，以及原先科属的骆驼交配繁衍。因此和其他家养动物一样，这个物种有其多样性，其中最普遍的差异来自气候的变化。亚里士多德审慎地标记过骆驼最主要的两大物种差异：第一种骆驼有两个驼峰，称为双峰驼；第二种称为单峰驼。第一种骆驼也叫土耳其双峰驼，第二种也叫阿拉伯单峰驼。但是随着古代人并不知晓的亚洲和非洲大陆逐步被发现，单峰驼无疑在数量上更为庞大，也比双峰驼更为普遍。后者多分布在土耳其和地中海东部及沿岸诸国，其他地方极为少见。而单峰驼比任何阿拉伯国家里用于驮运的猛兽都要常见，几乎可以在非洲北部的所有地方找到它们的身影，包括地中海到尼罗河沿岸地区和埃及，以及波斯地区、南部鞑靼和印度北部所有地区。因此单峰驼所覆盖的地区幅员辽阔，双峰驼则只在狭隘的范围内活动。单峰驼栖居在火热干燥的土地上，而双峰驼则倾向于栖居在更为潮湿和温和的气候里。 整个骆驼物种，包括单峰驼和双峰驼，似乎将自己的获得范围限制在三百到四百里格的活动范围内，西起毛里塔尼亚，东到中国，其生存范围既不高于也不低于这个区域。即使骆驼天生属于温暖气候下的生物，但它们对过热的气候并不排斥。骆驼生存范围的终点即是大象生存范围的起点。骆驼既不能在热气如烈火般灼烧的土地上生存，也不能在更为温和的气候条件下生息。骆驼看起来像阿拉伯地区的产物，因为它们不仅在阿拉伯地区数目最为庞大，同时它们也在这里享受最佳的生活状态。阿拉伯地区是世界上最为干燥的地方，当地水源极其匮乏。骆驼是最不容易感知到口渴的动物，能够完全不进水而安全度过数日。整个阿拉伯地区的土地都是干燥且沙化的。骆驼的脚天生适合在沙漠长途跋涉，却不能在潮湿和光滑的地表支撑起它自己。阿拉伯世界缺少牧草和牛。牛生存的地方也是靠着骆驼提供补给。

　　骆驼有第五个胃，就好像用来储存水的水库。这正是骆驼所独有的。骆驼的第五个胃很大，可以用来储存大量淡水还不让其变质，其他养料也可以在胃里与水融合。当骆驼感到口渴或需要浸软干燥的食物用于反刍时，它可以通过一系列的肌肉收缩，让胃里的水再次上浮到腹部，甚至进入食道。正是凭借这独特的构造，骆驼可以保持几天不喝水的状态。骆驼胃里的水会继续保持纯净清澈的状态，因为它们的体液和消化液都无法与之混合。

长颈鹿

食性　植食性
体长　4.1 ~ 6.1m
体重　700 ~ 2000kg

长颈鹿是大自然里最高、最有用处、最为美丽，同时也是没有害处的动物之一。长颈鹿腿与身体极不成比例，前腿和后腿一样长，阻碍长颈鹿自由地发挥它的力量。长颈鹿的动作蹒跚、缓慢且僵硬。它们既不能自由地从天敌那飞走，也无法像家养的动物般服侍它们的主人。长颈鹿数量并不多，活动区域经常局限在埃塞俄比亚的沙漠、非洲南部或印度的部分省份。因为希腊人并不知晓这些国家，因此亚里士多德并未提到过长颈鹿。

在现代作家中，第一个对长颈鹿的精彩描述来自贝隆[1]。"我（指贝隆）在开罗的城堡中看到了一只当地人称之为祖娜巴[2]的动物。说拉丁语的人在古时候把它们叫做

1　皮埃尔·贝隆（1517 ~ 1564），法国博物学家，比较解剖学的奠基人之一。
2　原文为 Zurnapa，音译。

鹿豹[1]。这个名字是猎豹和骆驼的合体，因为这种动物带有和猎豹一样的斑点，却有着比骆驼还要长的脖子。这是一种非常美丽的动物，温顺如羔羊，比其他任何猛兽都易和人相处。除了大小不同，它的头和雄鹿的头几乎一模一样。头上长着两个毛茸茸的小角，大概有半英尺长。雄性长颈鹿的角要长于雌性长颈鹿的角。它们头上都长着和奶牛一样大小的耳朵、公牛一样黑色的舌头。长颈鹿的上颚并没有切牙，脖子瘦长且直。鹿角则呈圆形。腿瘦且长，而且后腿很低，这让长颈鹿看起来就像坐着一样。它的脚看起来如同公牛的脚，圆状的尾巴垂下来几乎到了蹄子，尾巴上的毛比马尾巴上的毛要厚三倍。长颈鹿身体上的毛发呈现白色和红色，跑起来就像骆驼一样，会同时提起它的两只前脚。当它躺下时，腹部会贴近地面，胸部长着一块没有知觉的物体以及和骆驼一样的关节。当长颈鹿低头吃草时，它会把前脚尽量展开，这样进食依旧十分困难，因此它更愿意选择吃树叶而不是田里的牧草，尤其是它那极长的脖子，可以很轻易地够到很高的树枝。"

1　原文 camelopardalis，camel 即骆驼，leopard 即猎豹。

斑马

食性　植食性
体长　2 ~ 2.4m
体重　350kg

　　斑马或许是陆生动物里最英俊且高雅的动物。它有着骏马般优雅的体态，还有雄鹿般的敏捷。斑马身披黑白绸带相间的长袍，斑纹交替规律对称，看起来就好像大自然用尺和圆规为它定制一般。交替出现的黑白圈纹，看起来狭窄且平行，因此显得更为特别，这些斑纹划为等份，不仅覆盖了斑马的身体，也遍布它的头部、大腿股甚至是耳朵和尾巴。因此从远处看去，这只动物身上似乎装饰着肋骨状的绸带，以规则且优雅的形式遍布它的全身。雌性斑马的斑纹交替呈黑色或白色。雄性斑马的斑纹则呈黑色和黄色。但斑纹的色调都分外鲜明且光辉夺目，上了釉彩般的短且厚的皮毛更进一步增加了颜色的美感。斑马整体上比马要小，比驴更大些。即使人们经常拿斑马和马以及驴比较，称它为野马或斑纹驴，但是它并不是马或驴的复制品，或许斑马可以被看作是马和驴的模板，如果在大自然中并非呈现平等的原始性，抑或是自然万物并未有平等的创造。

斑马既不是马也不是驴，因为无人知晓它们是否彼此混杂繁殖，即使曾有过以此为目的的实验。在1761年位于凡尔赛的动物园里，人们把一群发情的母驴和斑马关在一起。斑马对此不屑一顾，换句话说，它完全没有表现出一丝情感。斑马和这群母驴嬉戏玩耍，甚至骑在它们身上，但并未表现出其他的欲望迹象。除了将这种冷淡归咎于斑马和驴的天性不合之外，也没有其他的原因。因为这匹斑马只有四岁大，在其他方面都充满了活力和灵敏。

因此斑马并不是古人们称之为"野驴"[1]的动物。在地中海东部沿岸诸国、非洲北部和亚洲东部生长着一种美丽的驴，就像最好的骏马一样，它们也原产于阿拉伯世界。这种驴的品种和一般的驴不同，以其剽悍的躯体、细长的大腿和油亮光泽的毛发而闻名。它们有着统一的颜色，呈现像一只漂亮老鼠般灰色的毛发，在背部和胸部各有一个黑色的十字。有些野驴毛发更为鲜亮，身上有着亚麻色的十字。这些非洲和亚洲的驴，虽然比欧洲的驴看起来俊美很多，但它们在源头上都同样是野驴的后代，至今仍遍布于亚洲的东部和南部、波斯地区、叙

1　原文为法语词 onagre，译为野驴。

利亚、爱琴海地区以及毛里塔尼亚。野驴和人类圈养的驴区别在于野驴在户外自由和独立生存所造就的品质。野驴更为强壮且灵活，更具勇气且活泼。野驴和圈养的驴形态类似，但野驴毛发更长，而且具体长度会因野驴自身的状态而有差异，但人类圈养的驴如果没在四五个月大的时候剃毛，它们的毛发长度一般都是相同的。年幼时驴的毛发和幼熊的毛发一样长。野驴的皮肤也比圈养驴的皮肤来得硬，我们知道那是因为野驴的皮肤上覆盖着小小的结节。更有甚者，据说那些来自地中海东部诸国，且有着众多用处的鲨鱼皮就是用野驴皮制作而成的。但我们既不能认为野驴，也不能认为俊美的亚洲驴和斑马这个物种有着相同的血统，尽管它们在体态和敏捷性上非常类似。斑马身上由于气候导致的规则性变化也从未在野驴或亚洲驴身上有所体现。斑马这个物种是非凡的，与其他物种迥然不同。斑马所适应的气候也与野驴大为不同，只能在非洲的东部和南部才能见到斑马，它们的活动范围从埃塞俄比亚延展到好望角，然后再进入刚果。欧洲、亚洲、美洲以及非洲北部并没有斑马的栖息地，部分游人在巴西看到的斑马是从非洲运送过去的，在波斯和土耳其看到的斑马则是从埃塞俄比亚运过去的。简而言之，我们在欧洲见到的斑马都是从好望角运过来的。好望角所在的气候恰恰是斑马原本所适应的气候，荷兰人竭尽所能想在那里把它们驯化，迄今亦是徒劳。当那儿的斑马——这段描述里的主角——抵达法国皇家动物园时，它依旧非常野蛮，且未完全驯化。然而在两个人采取了必要的保护措施，紧握缰绳的情况下，第三个人可以爬上斑马的背部并坐在马鞍上。斑马的嘴非常硬，两只耳朵非常敏感，无论何时被触碰到都会下意识地躲避。斑马像烈马般倔强，也如骡子般顽固。也许早期野马和野驴也同样桀骜不驯，假使斑马在一开始就习惯于对人类顺从并被圈养起来，它也许会变得和马或驴一般温顺，那么斑马的地位也最终会被取代。

羊驼

食性 植食性
体长 1.2～2.2m
体重 55～65kg

　　羊驼身高四英尺左右。羊驼的身体，算上它的脖子
和头，有五到六英尺长。羊驼的头很小但是比例正好：大
眼睛、略长的鼻子、厚嘴唇。上瓣唇呈两等分，下瓣唇
则有点松垂。羊驼的上颚既没有切牙也没有犬齿。羊驼
的耳朵有四英寸长，动起来非常灵活。它的尾巴很少超
过八英尺长，短且直，而且尾部会略微卷翘。羊驼有着
和牛一样的蹄足，但蹄足后面长着像马刺状的突起，有
利于羊驼穿过断崖险壁和崎岖的道路。羊驼的背部、臀
部和尾巴上覆盖着一层短绒毛，而它腹部和两侧的绒毛
则很长。羊驼的颜色不尽相同，有些是白色，有些是黑
色，但大多都是棕色。羊驼的粪便和山羊的粪便很相似。
雄性羊驼的生殖器瘦长且向后生长，因此它可以向后排
尿。它们性欲旺盛，虽然交配对它们来讲并非易事。雌性
羊驼的生殖器官入口非常小，它们会发出声音来吸引雄

性羊驼，并俯伏在地配合交配。有时候需要一整天来完成整个交配过程，其间它们发出低吼，争吵并互相唾弃，这么长的交配前的准备往往让它们倍感疲倦。印第安人会帮助它们交配。羊驼每次繁殖很少会超过一胎。母羊驼有两个奶头，刚出生的小羊驼一开始就会跟着母羊驼。小羊驼的肉味道鲜美，老羊驼的肉则很干硬。总体上来讲，圈养羊驼的肉和绒毛都比野生羊驼更受人喜欢。羊驼的皮很坚硬，印第安人会拿皮来做鞋，西班牙人则会拿来做马具。羊驼这种有用甚至非常必要的动物，在它们栖息的国家并不需要主人给予额外的照料。它们的蹄足无须安装马蹄，它们的绒毛也使得鞍具无法上背。羊驼只需少量蔬菜和草就心满意足，无需玉米和干草。而且对饮水也没有很高的要求，它们的嘴里满含唾液，羊驼唾液量比任何其他动物都要多。

　　原驼，也叫做野羊驼，比圈养羊驼更为强壮、灵巧和敏捷。它们奔跑起来像野鹿，也可以如山羊般越过悬崖峭壁。原驼的毛更短，而且呈黄褐色。原驼即使在自由状态下也喜欢聚集，有时数量能达两三百头之多。当原驼看到人类，刚开始它们会非常惊奇，并不会面露惧色，但是很短时间内，就会发出像马一样的嘶鸣声，然后万马奔腾般逃到山顶。原驼相比于山阳处更喜欢山阴处。它们会攀爬至山顶雪道的上方，在覆盖着白霜的冰面上行走时，原驼似乎处于最佳状态，而且，越是寒冷的环境，似乎越能激发它们的活力。当地土著会围猎原驼来获得它们的毛。用猎狗追踪它们非常困难，一旦原驼来到岩石地带，猎人和猎狗都不得不放弃追捕。原驼大量栖息于高于海平面三千英寻[1]的秘鲁科德利尔山脉、同海拔的智利地区和麦哲伦海峡地区，但在山脉海拔高度降低的新西班牙[2]海岸地区，很少能见到有原驼活动。

1　海洋测量中的深度单位，1英寻等于1.829米。

2　新西班牙是西班牙在美洲的殖民地总督辖区的总称，于1535年设立。其范围包括现今的美国西南部和佛罗里达、墨西哥、巴拿马以北的中美洲、西印度群岛的西属殖民地，委内瑞拉和菲律宾群岛也一度属于这个辖区。

河马

食性 杂食性
体长 3.5 ~ 4.5m
体重 2500 ~ 3500kg

　　河马这种动物的身体看起来比犀牛长，但和犀牛一样厚实。河马的腿比犀牛腿短很多，它的头也没犀牛那般长，但相比于躯体，头的大小比例则显得非常大。河马既没有像犀牛般长在鼻子上的角，也没有像其他反刍动物般长在头上的角。根据古代和现代旅行者的描述，河马受伤时的叫声，像马的嘶叫和水牛的怒吼。河马平时的声音像马的嘶鸣声，除此之外，河马和马没有任何相似之处。如果真的如此，我们可以推测这大概是人类称它为河马的原因，意指河中之马。就好像山猫的咆哮犹如狼嚎，山猫有时也被叫做狼猫。河马用来咀嚼的牙齿，尤其是下颌的两颗犬齿，非常长，特别坚硬且有力，达到了可以在钢铁上打出火花的程度。这也许造就了古人的寓言，即河马可以口吐烈火。河马的犬牙白皙、干净且坚硬，所以相比于象牙，人类更喜欢用河马牙齿做假牙。河马的切牙，尤其是长在下颌的那些切牙，粗长呈圆柱形，牙齿上还有犁沟般的凹陷。犬牙长且完全，呈棱状且锋利，类似野猪的獠牙。磨牙则是呈正方形或长方形，形状近似人类的磨牙，但重量可以达两三磅。切牙和犬牙中最大的牙齿可长达十二至十六英寸，有时每颗重达十二或十三磅。

豪猪

食性 植食性
体长 0.5 ~ 0.7m
体重 10 ~ 14kg

　　豪猪这种动物的名字会让人不禁遐想，这是一头覆盖着多刺羽毛的猪。事实上，豪猪和猪只在发出咕噜的猪叫声这一点上相似。在其他任何方面，豪猪和猪的区别和其他动物一样大，无论是它们的外部形态还是内部构造。豪猪既没有像野猪般长长的头和耳朵，猪嘴旁装备着獠牙，也不像野猪般长着分趾蹄的蹄足。豪猪长着一颗像海狸头颅般的短脑袋，上下颌骨上各长着两颗大门牙，既没有獠牙也没有切齿，上瓣唇像野兔般裂开成两半，耳朵圆且平，足部则长有爪子。豪猪是单胃动物，胃体积不大，没有形状如风帽般的阑尾，但盲肠较大。豪猪的生殖器官和野猪一样并不明显，睾丸则包裹在腹股沟内。豪猪所有上述特征，再附上这短小的尾巴、长长的胡须以及裂开的嘴唇，相比于野猪，它更像野兔或海狸。刺猬虽然像豪猪一样浑身长满刺，但从某种程度上来讲更像野猪，因为它有着长长的鼻口，末端长着吻状突出物。然而这些相似之处太微小了，豪猪很明显是一个区别于刺猬、海狸和野兔等其他动物的独有物种。

当我们仔细观察豪猪身上刺的形态、成分和组合时，可以发现这些刺呈管状，只有风向标才愿意把这些刺作为自己的羽毛。豪猪在行走时会让这些刺碰撞发出声音。它们也可以像孔雀开屏般竖立起这些刺，还可以通过收缩表皮的肌肉使这些刺舒展开来。因此，豪猪的肌肉像部分鸟类的肌肉构造，具有相同的力量。

树懒

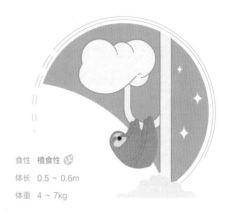

食性　植食性
体长　0.5 ~ 0.6m
体重　4 ~ 7kg

　　树懒没有足够的牙齿，因此无法捕猎，也无法以肉或蔬菜为食，只能退而以树叶和野果为食。树懒花费大量的时间在树上缓慢前行，还得花费更多的时间去爬上枝梢。在这缓慢且充满疼痛的劳作中，有时长达数日，它们不得不忍受不断涌上来的饥饿感。当它们最终抵达爬树时的目的地，树懒会逐步吃完所有的树叶枝芽。这时它们会在毫不饮水的情况下保持数周不动。等到消耗完它们的储量或这棵树被吃得光秃后，树懒依旧丝毫不动，直至饥饿感变得比对危险和死亡的恐惧更为强烈，它们才肯缓慢移动。它们还得忍受自己像没生命的物体从树上掉下来般，对让自己免受这坠落的痛苦没有丝毫办法。

　　在地面上时，树懒则暴露在敌人的视野中。因为它们的肉也不是绝对意义上的难吃，因此也是人类和猛兽捕猎的对象。树懒会交配但次数很少，每次繁衍生殖时也只有小数量的树懒降生，因为雌性树懒只有两个乳头。树懒所有的特征指向它的自我毁灭，这个物种本身也只是苦苦支撑着自己的存在。尽管树懒行动缓慢笨重，且几乎无法做出任何动作，但它们依旧是吃苦耐劳、顽强坚韧的生命。无论食物多匮乏，它们都可以存活很久。尽管它们没有角也没有蹄足，没有下颌的切牙，但树懒依旧属于反刍动物。它们有四个胃袋，所以一次性携带的食物量弥补了食物质量上的不足。更特别的是，它们的肠道相比于其他反刍动物很短。我们似乎在树獭的身上发现了大自然的歧义。树懒无疑是反刍动物，因为它们有四个胃袋，但它们并没有和其他反刍动物相符的内在或外在特征。树懒另有的一个独特之处，就是相比于其他动物会有分开的穴道用于排泄尿和粪便以及交配繁衍，树懒像鸟一样只有一个穴道来完成以上功能。

海豹

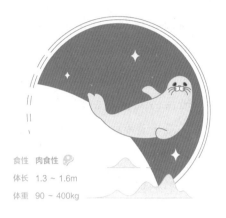

食性　肉食性

体长　1.3 ~ 1.6m

体重　90 ~ 400kg

　　海豹大体上和人类一样，长着一个圆头，和水獭一样有着宽厚的鼻口，眼睛大且充满智慧，长着很小到几乎快没有的耳朵，只有在头部两端有着听觉的通道。胡须长在嘴边上，牙齿从某种程度上和狼的牙齿相似，舌头最前端则分叉开来。海豹的躯体、手掌和足部都覆盖着短小的鬃毛。海豹没有手臂但有两个像手的薄膜，只是比手更大而且是朝后生长，这样生长似乎是为了和一条非常短小的尾巴相统一，陪衬在尾巴的两端。海豹这么奇异的长相让它以虚构的形式出场，并成为诗人们描绘他们心中的人鱼、海妖和其他海神的模本，他们想象这些海神有着人的面孔、陆生动物的四肢和鱼的尾巴。事实上海豹以它和陆地生物相匹敌的声音、形态和智慧的优越性统治着这个静默的海底王国。目前海豹超越了鱼类，不仅属于一个完全不同的生物类别，也归属于一个完全不同的世界。因此，尽管推测海豹有着和其他家养动物不同的天性，它们却看起来很容易接受人类的教育。海豹习惯于把自己沉浸在水里，并被驯化用它们的手和声音和人类打招呼，只要人类发出指令，它们便会靠近。海豹也表现出了很多其他智慧且温顺的迹象。

海豹的头脑在体积比例上而言比人脑大。它们的各种知觉堪称完美，它们的智慧也和任何陆生动物一样灵动。海豹的知觉和智慧都明显表现在它们的温顺、善于社交的品质、对于雌性海豹的强烈直觉、对幼小后代的关心，以及它们超越任何其他动物的可调整的声音表达之中。海豹的身体坚硬巨大，强壮有力，并配备尖锐的牙齿和爪子，还享有许多专属非凡的优势。海豹能够舒畅地忍受炎热或严寒，可以同时以草、肉或鱼为食；它们可以任意在冰面上、陆地或海里生存。只有海豹和海象配得上"两栖动物"这个称谓。它们的第二中隔孔处于开启的状态，因此它们是唯一无须呼吸的动物，空气和水可以在它体内和谐共处。水獭和海狸并不能被称为完全意义上的两栖动物，因为它们并没有穿过心脏隔膜的孔穴，因此无法长时间待在水里，不得不离开水域或从水里抬起头进行呼吸。

但海豹的巨大优势却被更不完美的构造所抵消。海豹也许可以免于自己的四肢被使用，因为它们的手臂、大腿股和小腿都完全藏匿在它们的躯体中，只露出人们可以看到的手部和脚部，上面的确长有五个手指或脚趾，但几乎不能移动，被一层坚硬的薄膜连在一起，称它们为鳍，比说它们是手或脚要更为恰当，相比于行走，它们更适应游泳。此外，海豹的腿转向后方，因此在陆地上毫无用处。当海豹必须在陆地上移动时，它得像爬虫一样拖动它的躯体，充满痛苦地吃力前行，因为海豹的身体无法像蛇那般弯曲来支撑起它身体的各个部位，依靠地面的摩擦力向前推进。如果不是海豹长着手和尾巴，它就会成为陆地上一块笨重的肉团。通过海豹的手和尾巴，它们可以在可触及的范围内抓住任何东西，正是因为这种机敏，海豹可以攀上陡峭的海岸、岩石或一些结冰的浅滩。通过这种方法，海豹能以超过预期的速度迅捷运动，即使在过程中经常受伤，但它们却能逃过猎人的追捕。

狝猴

食性　杂食性
体长　0.51 ~ 0.63m
体重　5.4 ~ 7.7kg

　　在所有长尾猴属中，或带着长尾巴的猴子中，狝猴和狒狒最为近似。狝猴的身体如狒狒般短小紧实，头部较厚实，鼻孔处较宽，鼻子扁平，脸颊上散落着皱纹，比一般的猴子要显得高大。狝猴长相极丑，如果不是它们长且成簇的尾巴，使得它们看起来像小体态的狒狒。然而狒狒的尾巴大体上都很短。狝猴是刚果和非洲南部地区的原生动物。狝猴数量众多，而且有很多种类，在体积、颜色和毛发的构成上不尽相同。根据哈塞尔奎斯特[1]的描述，狝猴的身体有两英尺多长，但我们所见过的狝猴体长都未超过 1.5 英尺。我们称为白脸猴的动物，由于头顶上有一簇毛发，似乎也只是狝猴的变体，除去头上的一簇毛发以及毛发上的细微差异，它们非常相似。

1　哈塞尔奎斯特（1722 ~ 1752），即：弗雷德里克·哈塞尔奎斯特，瑞典旅行家和自然学家。

它们都容易驯服且性格温顺，但又会散发出非常难闻的气味，弥漫在周围的空气中。它们是如此肮脏和丑陋，甚至在扮鬼脸的时候看上去都是一副混蛋样子，我们看到猕猴的时候都会觉得惊恐恶心。猕猴经常成群结队，特别喜欢到果园或植物园内采食。博斯曼[1]认为猕猴两手会各抓一大把米栗，下巴也会夹住一些，嘴巴里含着一些，然后用后脚跳跃。在被人类追逐时，它们会先扔掉手臂夹着的粮食，然后是手里的粮食，这样做它们可以手脚并用地加速奔跑，但它们会一直保留着嘴里的粮食。这位旅行家还写道："猕猴会仔细检查它们所携带的东西，然后扔掉让它们感到不愉快的东西，并撕毁其他不喜欢的东西。它们又挑剔又追求精确，这让它们造成的破坏远多于它们所能消耗和带走的数量。"

猕猴两颊成袋状，臀部则是胼胝。它们的尾巴几乎和身体其他部位等长，大概有十八至二十英寸长。猕猴的头较大，嘴部很厚实。它们的脸裸露在外，看起来苍白且长满皱纹。猕猴的耳朵上覆盖着毛发，身体短小紧致，腿短且厚实。身体上半部分的毛发呈绿灰色，胸部和腹部的毛发则显黄色，头顶有一簇月牙似的头发。猕猴一般四肢着地行走，有时用两只脚行走。包含头部在内，猕猴体长大概十八至二十英寸。猕猴有很多种类别，

---

1 博斯曼，18世纪旅行家。

体积大小也各不相同。

　　白脸猴看起来是猕猴的一种变体，体格比猕猴小三分之一。相比于猕猴头顶月牙形的头发，白脸猴头顶的这簇头发锋利且尖锐。白脸猴前额的头发是黑色的，而猕猴的前额头发是浅绿色。就身体比例而言，白脸猴的尾巴比猕猴的尾巴还要长。雌性白脸猴会像女人一样经历生理周期。

人类

婴儿期

　　没有比婴儿呱呱坠地时更让我们深切感受到低能这个概念。刚诞生的婴儿无法利用他的器官和直觉，急需来自外部的所有帮助。这是一幅痛苦悲惨的画面。婴儿比任何其他动物的幼儿更为无助。任何时刻似乎都会终结这可笑的存在。婴儿无法移动也无法支撑自己，也完全没有足够的力量来生存下去或为自己发声，只能通过啼哭来控诉自己所受的折磨，似乎是大自然借此来告诉他，他生来就是受苦的，并由此在人类这个物种中获得一席之地，分担了婴儿的虚弱和悲伤。

　　请大家不要因为蔑视而不去思考我们曾经经历的状态。让我们仔细观察在摇篮中的人类，一起来探索人类这个精致的机器——新生儿毫无生存能力的躯体——是如何习得动作、协调性和获得力量的。

　　婴儿在降生的一刹那便发生了质变。从满是羊水的子宫中生出来的婴儿，暴露在空气中，并立即体会到这流动气体的最初印象。空气会触发婴儿的嗅觉神经，也会触发他的呼吸器官，并随之产生一种类似喷嚏的震颤，打开了婴儿的胸腔，让空气拥有了进入肺部的通道。婴儿通过吸气让肺部膨胀，肺泡可以让空气停留一段时间并变得温暖，稀释空气到一定程度。在这之后纤维的跳动和膨胀再次作用于空气，并将它排出肺部。与其解释呼吸时交替动作的原因，不如让我们关注呼吸的作用和效果。呼吸功能对人类和部分其他物种的生存至关重要。正是通过呼吸，生命才得以维持；一旦开始呼吸，至死才会结束。我们有理由相信心脏的卵圆孔并不会在婴儿降生后立刻闭合，一部分血液依旧会通过卵圆孔。因此并不是所有血液都能立刻流经肺部，因为刚降生的婴儿有可能在没有空气的情况下存活较长的时间。

空气第一次被婴儿吸入进入肺部时，一般会遇到部分阻碍，主要是由气管里的积液所引起，这些阻碍的程度取决于积液的黏性程度。然而在婴儿降生的时候，在低头贴近胸部前，他会抬起头。这个动作可以延展气管通道，迫使积液进入肺部。通过支气管膨胀，让空气表面附着不适于气管通过的黏性物质，因此多余的水分会通过空气的更新而变得干燥。如果婴儿感到不适，他会通过咳嗽并最终以吐出物的形式让自己恢复舒服的状态。但由于婴儿尚未具备喷吐的力气，吐出物一般会从嘴里流出。

因为我们在刚出生时无法记住发生的事情，也无从记录空气流过新生婴儿体内时的具体感受。然而婴儿在第一次呼吸刹那发出的啼哭声，却是婴儿在呼吸动作中感受到疼痛的有力证据。在婴儿降生之前，他已习惯于所处透明液体的柔和温度。也许我们可以这样假设，液体的流动导致温度变得不均衡，对婴儿体内构造微妙的纤维造成了剧烈冲击。冷暖都会对婴儿造成影响，不管哪种情况婴儿都会对此抱怨，疼痛变成了婴儿最初也是唯一的知觉。

在降生几日后，多数动物的幼儿会睁开它们的眼睑。婴儿在出生时便会睁开他们的眼睛，但眼神固定且呆滞，充满对光泽的渴望，并在之后逐步适应。婴儿的眼珠转动，多是偶然，而不是刻意寻求视觉的动作。瞳孔会变大或缩小，取决于瞳孔所接受的光线亮度。瞳孔所接收的光线不足以让婴儿辨识物体，因为他的视觉器官尚未发育完全。眼球外膜或眼角质还处于皱起的状态，也可能是婴儿的视网膜由于过于柔软而无法让外部成像，所以导致刚降生的婴儿没有视觉。

同样的结论也适用于婴儿的其他感官知觉。婴儿尚未获得知觉运行所需的一致性，即使具备了一致性，婴儿的知觉变得合理且完全也需要很长时间。人类要获得知觉必须学会运用大量感觉器官。在这些官能中，视觉似乎是最为高贵且令人叹服的知觉，却也是最不确定且具有迷惑性的知觉。如果视觉功能没有通过触觉的证实而得到不断纠错，我们有可能会被一直误导并得出错误结论。触觉是衡量所有其他生物的标准。触觉遍布全身本身也对动物的生存至关重要。但即使是触觉，婴儿降生时也并不完全具备。通过啼哭婴儿的确发出了疼痛的迹象。但他并无法表达欢乐的情感，直至降生四十天后婴儿才开始微笑，同时也学会了抽泣，之前的关于疼痛的表达并没有眼泪相伴。从婴儿的面部表情也无法看到他对于热情的表达。面部特征也没有达到一致性和必要的构造来表达心灵的感觉。所有婴儿其他部位都是分外微弱且微妙。婴儿的动作也缺乏稳定性和确定性，他无法直立，大腿和腿股处于弯曲的状态，这源于他在子宫里所养成的习惯。婴儿也没有足够的力气去张开手臂用双手握紧任何物体，而且假使把婴儿丢弃，他会一直处于背朝天的状态而无法自己翻身。

婴儿降生时所感受到的疼痛，在出现的刹那，通过啼哭来表达，也仅仅是肉感上的知觉，和其他动物并无不同，因为其他动物的幼儿在生下来的瞬间也会啼哭。婴儿情感表达在出生四十天后才会出现。由内在两种情感产生的微笑和哭泣都取决于大脑的作用。前者是一种令人愉快的情感的结果，只有在见到或感受到熟悉、喜欢和渴望的物体时才有；后者是源于令人厌恶的印象，混杂着同情以及对我们自身的焦虑和担忧。两者都意味着一定程度的知识以及比较和思考的能力。微笑和眼泪成为人类独有的特征，来表达情感的愉悦和痛苦。然而啼叫声和其他身体疼痛与愉悦的信号，对人类和大部分其他动物都很普通。

让我们回到谈论身体的物质器官和情感。妊娠期满婴儿降生时体长经常在二十一英寸左右，当然也有例外，有些比这短，有些则更长。那些体长在二十一英寸左右的婴儿，通过测量他们的胸骨，胸部大概有三英寸长。那些体长只有十四英寸的孩子，胸部则只有两英寸。胎儿九个月大时体重在十二至十四磅左右。就身体比例而言，婴儿头部相比于其他部位则会显得非常大。这样的不成比例随着儿童体格增长会逐渐消减。婴儿皮肤非常柔软，甚至可以透过皮肤看到下面的血液，皮肤也呈现红色。据说出生时有着最红皮肤的婴儿，长大后会成为有着绝世容颜的美人。

初生婴儿的身体构造和生殖器官也绝非完美。身体所有部件看起来都显得太圆，即使婴儿处于健康的状态，他们看上去也显得肿胀。出生后第三天，婴儿会出现类似黄疸的现象。此时用手指挤压婴儿的乳头，会分泌出乳汁。这些多余的乳汁和身体其他部位的肿胀会随着婴儿成长逐渐消失。

有些刚出生的婴儿的脑壳会急速跳动。总之，在这里或许可以触摸到颅骨的窦以及大脑动脉。婴儿头部毛孔中会产生头屑，有时头屑很厚，当头屑变干后，必须用刷子才可以去除。这和某些动物长角有相似之处，动物的角最原始的时候也是由头骨上的穴道进化而来的。借此我们可以推论神经末端暴露在空气后会变硬，也正是这些神经物质产出了爪子、指甲和角。

婴儿的眼睛经常会朝向屋里的强光处。如果从婴儿所在的角度只有一只眼睛能看到强光，另一只眼睛会变得更加脆弱，因为双眼都需要运动。为了预防这种不舒服的状态，摇篮脚应该位于光源的正后方，不管这光源来自窗户还是蜡烛。如果婴儿的一只眼睛变得比另一只眼睛强健，则会导致斜视。两只眼睛视力的不等是造成斜视的起因，这已经是不争的事实。

在婴儿降生后的第一个月或第二个月，甚至是第三个月或第四个月，由于他们的身体构造还处于虚弱和微妙的状态，因此不该喂食除了乳汁外的其他营养品。不管婴儿的力气有多大，婴儿在第一个月进食任何其他食物都会对他造成物理伤害。在荷兰、意大利、土耳其以及地中海东岸诸国，婴儿在出生的第一年里只进食乳汁。

婴儿共有八颗门牙，也叫做前齿，颌骨上各长有四颗。门牙是最先出现的牙齿，但大多数婴儿只有在七个月甚至八九个月后才会长出来。有些婴儿一生下来就长着锋利的牙齿，会咬到他们母亲的乳头。牙齿原始的组成部分倒插在牙槽中，并被牙龈包裹着，在底部延展牙根，不断地挤压向前，最终突破牙龈长出来。即使这个过程看起来很自然，但却与自然的一般法则不符，整个过程在人类躯体内不断进行，却没有产生任何痛觉。大自然选择了暴力而又折磨人的方式，有时候甚至以生命为代价。长牙的儿童会丧失活力，变得焦躁不安。起初牙龈会变红、肿胀，当压力足以截断血管中的血液，牙龈又会变为白色。婴儿会不断把手指放在牙齿受影响的部位，好像这样可以缓解疼痛。他们可以通过在嘴巴里放入部分象牙、珊瑚或其他坚硬且光滑的物体，以此来摩擦牙龈因为长牙而受力最多的地方，来进一步减轻疼痛。这样的行为可以让牙龈放松，并让疼痛暂时消解。这也有助于减少牙龈黏膜，由于牙龈黏膜承受着内外双重压力，牙齿更容易突破牙龈而生长出来。然而牙龈的撕裂或破裂往往伴随着较大程度的疼痛和危险。当由坚硬纤维组成的牙龈比以往变得更为稳固，牙龈对于牙齿生长的反抗性则越顽固，从而导致一种伴有致死症状的炎症。为了杜绝这种情况，可以在牙龈上切开一个创口，只需大概几分钟的手术，便可消止这种炎症，牙齿也获得了自由生长的通道。

门牙旁边的犬齿共四颗，普遍出现在婴儿出生后的第九或第十个月。在婴儿出生第一年的末尾或第二年，会长出另外的十六颗牙齿，它们被称为大臼齿，其中四颗长在两颗犬齿的两端。儿童乳牙脱落的时间因人而异。据说上颌牙齿先脱落，但具体脱落时间常常被下颌的牙齿超越。

门牙、犬齿以及最初的四颗臼齿在儿童五六岁或七岁的时候脱落，有些甚至要等到青春期才脱落。这十六颗牙齿的脱落伴随着牙龈扩张，以便于一组新的牙齿从牙槽中生长出来。这组新牙的下方不再留有额外的牙齿，一旦因为意外磕掉或是丢掉了牙齿，就永远也无法自然恢复。

还有四颗牙齿依旧长在孩子上下颌骨的末端，但并不是每个人都有。它们往往会在青春期或更为后面的时间生长出来。这就是智齿。它们要么依次长出，要么每次长出两颗。牙齿数量在二十八颗到三十二颗之间，产生这种差异的唯一原因便是智齿的不规律性。据观察所知，女人的牙齿往往比男人的牙齿少。

青春期

　　人类青春期到来的第一个迹象便是阴部的不自然状态。在行走或弯曲身体向前时变得更加敏感。这种不自然状态经常伴随着关节严重的疼痛和性器官的全新感觉。在一段时间内，声音变得粗糙且不同，之后会变得更加饱满、洪亮和清晰。这种变化在男性身上显而易见，但在女性身上则较少，因为她们的声音天生更为尖锐。

　　不论男女，都有这些青春期特征，但还有些不同性别所独有的青春期特征。比如女性会开始有月经，胸部也会发育变大，男性开始长出胡须并伴有遗精。当然并不是每个人的青春期特征都是相像的。比如，不是每个男性都会在青春期开始长胡须。有些国家的男性几乎没有任何胡须，但是没有一个国家的女性的胸部不会在青春期变大。

　　在人类这个物种里，女性青春期往往比男性早到来。

但是到来的具体年龄在不同的国家各有不同，似乎因气候、温度和食物质量而不同。那些健康成长且饮食丰富的女性比乡村里的女性和穷人阶层的女性更早来到青春期，因为后者的食物相对较少缺乏营养。欧洲南部地区的城市里，大多数女性在十二岁就会到达青春期，男性多在十四岁。但在欧洲的北部地区以及乡村地区，女性很少在十四岁以前就到达青春期，男性则多在十六岁才到青春期。

不禁有人会问，为什么每个气候条件下的女性都比男性发育得早？这样的答案也许会让人满意：男性体格更大也更为强壮，骨骼更为坚硬，肌肉也更稳固紧实，因此需要更长的时间进行生长。因为这个过程会一直持续到发育结束，额外的有机营养成分则会消解进入生殖部位，因此女性也比男性更早达到性成熟的状态。

青年

　　人类身高会在青春期或至少青春期之后的几年内长到极限。有些年轻人在十四五岁的时候就不再长高了。而有些人身高则会继续生长两到三年甚至到二十岁。在这个阶段大多数人都会显得很瘦长，大腿股和小腿较小，肌肉也未完全填满。但最终这些肉质纤维逐渐增强，肌肉逐渐鼓起，四肢重新恢复原来饱满的体态，整体变得更成比例，人类的身体在三十岁前会达到它最完美的匀称状态。

　　女性的身体更早变得匀称。她们的肌肉和其他部位不如男性强壮、紧实和坚硬。女性体格较小，只需更少的时间便可达到成熟状态。因此女性在二十岁便已发育完全，男性则要等到三十岁。

　　体态优美的男性应该是健硕的，且拥有健硕的肌肉，面部棱角分明。女性则浑身散发着优雅的气质。女性构造更为柔美，容貌细致且姣好。力量和威严属于男性，典雅和柔美则是女性特有的特征。

男性和女性的外型特征都宣示着他们对其他生灵的统治权。人类支撑着他们的身体以便于直立行走，一副指挥者的态势。人类的脸朝天空，突显他们优越的自尊心。他们心灵的印记刻画在他们的面容表情上；人类天性的卓越穿透包裹着他的物质形态，让他们的容貌愈发蓬勃灵动。人类威严的臂膀和坚实决绝的脚步都宣示着他们所处等级的优越。人类用长在身体末端的脚触碰泥土，并可以伸出手轻易地握紧泥土。人类的手臂并非是支撑其身体的支柱，他也无须让手撑在泥土上，使手变得麻木，并因此丧失手原本用来触摸物体的微妙功能。人类手臂和手的构成有着完全不同的目的，它们用来行使人类意志，用来保护人类自己，使自己能够紧握并享受大自然的礼物。

笑声是声音的另一种表达，时常断断续续，时而又持续良久。发笑时腹部肌肉和横膈肌发力较少；但此时一股更强的力量会在肋骨处激烈地搅动。人类发笑时，为了提升肋骨而让全身处于舒适的状态，头部和胸部有时会向前倾。胸腔则不受干扰，脸颊鼓起，嘴巴自然张开，腹部下压，空气伴随着一股声音排出，并以短促的形式持续一段时间，时有重复。但当这些情绪较为平静时，即使脸颊也会鼓起，嘴唇依旧闭合，有些人嘴角会挂着酒窝。这样的微笑一般是为了表示友好或亲善关系，也经常作为轻蔑和嘲笑的标志。

　　脸颊作为人类容貌的一部分并无特定的动作，它们更像是脸庞的装饰物而非出于情感表达的目的，下颌和两鬓也是如此。前者某种程度上可以说是大脑的一幅图画，不自觉的苍白和脸红有时会在下颌延展开来。脸红源于不同的强烈情感，比如羞愧、生气、骄傲或欢乐。而面色苍白则多是因为该人处于惊吓、恐惧和悲伤的状态。这种颜色的转变是完全不自觉的。其他关于强烈情感的表达从某种程度上来讲都是可控的，但是脸红和面色泛白则暴露我们的秘密想法。除非我们停止血液流动才能阻止它们的出现，因为它们的起因正是血液流动。

　　整个头部以及容貌特征对强烈的情感有着独特的反应。头向卜弯曲用来表达谦虚、羞耻或悲伤，头偏向一侧则是因为疲倦或同情，下巴抬起则多表示傲慢和骄傲，头部直立多是自负和顽固，头向后倒多是因为惊讶和震惊，头部动作来回摇摆则是为了表达轻蔑、嘲讽、愤怒和憎恨。

　　头部五官中最少体现情感表达的则是耳朵。耳朵一般无法自我运动，只占据人类外貌的一小部分。陆生动物的耳朵长得非常恶心。动物的耳朵是展现它们强烈情感的重要标记，通过它们的耳朵可以大概猜出动物们是处于欢乐还是恐惧的状态。据说耳朵最小的人类是最优美的，但是拥有大耳朵的人则拥有更好的听力。有些野蛮种族的耳垂甚至可以平躺在他们的肩膀上。

掀开人类这幅画的帷帐，让我们从艺术的角度来观察人类未加修饰的容貌。人类的头部无论内部构造还是外部构造都和其他动物不同。猴子头部和人类头部有相似的地方，我们可以在其他章节详细探讨。所有陆生动物的身体几乎都被毛发覆盖，但是人类的头部在青春期之前便有了头发，而且比任何其他动物都要茂密。

不同动物的牙齿有着很大的差异。有些动物上下颚都长着牙齿，有些动物只有下颚有牙齿。有些动物的牙齿相互分散，有些动物的牙齿则紧凑并联结在一起。有些鱼的上颚便是由满是尖刺的骨状物质组成，用来代替牙齿的功能。所有这些物质例如人类、陆生动物和鱼类的牙齿、昆虫的锯齿、指甲、角或蹄足都是由神经进化而来。之前我们讨论过神经暴露在空气中会变硬；鉴于嘴巴让口腔内的神经可以接触到空气，口腔中的神经末端则暴露在空气中并变得坚固。人类牙齿和指甲的形成方式和动物的喙、蹄、角和爪的形成方式相同。

脖子支撑着头部并将之与身体相连。脖子相对于一般陆生动物比对于人要更为重要。没有和我们人类肺部类似器官的鱼类和动物则没有脖子。鸟类一般比任何其他动物有着更长的脖子；爪子越短的鸟脖子越短，反之亦然。

人类背部的构造和其他陆生动物相差较小，只是人类背部更为健硕且强壮。然而人类的臀部构造则和其他动物大为不同。其他动物的臀部一般是指腿股的上半部分，而人类的臀部则完全不同。人类作为唯一能够完美直立的动物，坚韧的臀部可以让他们保持直立的状态。

人类的脚和包括猿类在内的其他动物的脚也大为不同。猿类的脚更像是长得别扭的手，它们的脚趾的中趾最长，倒不如说这是手指，脚掌缺少脚跟。人类的脚底比猿类更为宽阔，也更适应在人类身体行走、跳舞和跑步时保持平衡。

人类的指甲比所有动物的趾甲都要小。如果指甲比人类手指末端还要长很多，会妨碍人类运用双手。早期的野蛮人不得不受此煎熬并把指甲养长，这样就可以用它们将动物剥皮撕裂。虽然他们的指甲要比我们的指甲大很多，但再大也绝比不上动物的蹄足或爪子。

当我们需要处理不同的知觉，我们也许能够通过眼睛来决定侧重关注美的哪一方面。同时让我们来观察当人类受到强烈情感冲击时，他们的容貌会发生的变化。当人类出于悲痛、欢乐、喜爱、耻辱或同情他人的状态时，人们的眼睛会肿起来并充盈着泪水。眼泪泉涌往往伴随着面部肌肉的拉紧，嘴巴也会因此张开。鼻子中自然湿度随着流经泪管的眼泪而上升，然而眼泪并非均匀地流出，而是间断地喷涌而出。

当人们处于悲伤情绪中时，嘴角会下垂，下嘴唇则会抬起，眼睑几乎闭上；面部其他肌肉则会放松，这样的话，嘴巴和眼睛之间的空间相较平时扩大了，人的面部也随之拉长。

当人类处于害怕、恐惧和惊骇的状态下，前额会产生皱纹，眉毛会抬升，眼睑会尽量拉开，瞳孔表面则会附上一层白色，瞳孔位置下移，部分被下眼睑所掩藏。嘴巴则会大幅张开，上下嘴唇分开，可以看到上下两排牙齿。

当人类为了表达轻蔑和嘲讽的情绪，则会向一边翘起上嘴唇，下嘴唇则会小幅移动，看起来就像目中无人的微笑。鼻子则会向上嘴唇翘起的一侧起皱，嘴角也会延展开来。同一侧的眼睛几乎会闭起来，另一只眼睛则会和平常一样张开着，但双瞳都会下移，就好像从高处俯视一般。

当人类处于嫉妒、羡慕或满怀恶意的状态时，眉毛会下垂起皱。眼睑抬起，瞳孔下移。上嘴唇向两边抬起，两边的嘴角却会变低。下嘴唇中央部分为了和抬起的上嘴唇的中央部分合上，也会随之抬起。

当人类欢笑时，两边嘴角伸向后方并稍稍抬起；眼睛或多或少会闭上；上嘴唇抬升，下嘴唇下移。人类大笑时则会张开双嘴，鼻子上的皮肤也会皱缩起来。

人类的手臂、手以及整个身体，也会做出不同的动作来协助容貌表情进行内心情感的表达。比如当人类感受到欢乐时，他们的眼睛、头部和手臂以及全身都会以不同动作快速扭动。当人类感受到疲惫和忧伤时，眼窝深陷，头向后仰，全身处于安静的状态。当人类感到赞叹、惊喜和讶异时，所有动作都会暂停，并保持体态不动。但还有一种表达，似乎是人类一般意志作用的下意识的反应。这些表达似乎是人类为了保护自己做出的巨大努力，或至少是足以表达特定强烈情感的多种次要信号。当我们感受到爱意、欲望和希望，我们会抬头仰望天空，似乎在祈求万事如愿；我们头向前倾，似乎可以借此靠近梦寐以求的东西；我们伸展手臂，张开双手，去拥抱和抓紧这朝思暮想的欲望。正相反，当人类感受到惊吓、恐惧和可怖，我们会猛然抬高手臂，似乎这样就可以驱赶走我们厌恶的物体。为了避开它，我们会撇开眼睛和头，身体向后蜷缩。这些动作发生得太快，几乎是下意识出现的，这也是人类身体弹性的完美体现，身体的每个部位可以依次敏捷地遵守意志的指挥。

老年与死亡

　　当人类的身体长到极限，每个部位都已经达到最大程度的扩张时，身体开始继续变大，这不仅没有帮到身体，反而会让身体感到不适，这也许可以看作是通向衰老的第一步。这是因为一种叫做脂肪的物质过剩所导致的，一般会在三十五岁或四十岁时出现，取决于脂肪的增长幅度。身体会因此变得不再敏捷、活跃，动作也不再自由。

　　人类的骨头以及其他坚硬的部位都会变硬。薄膜逐渐软骨化，软骨会变成多骨状态，身体纤维也变得坚硬，皮肤变干并产生皱纹。头发变成灰白色，牙齿掉落，容貌憔悴，身体佝偻。身体的上述变化第一次会在四十岁左右到来，慢慢持续到六十岁，之后速度加快直至七十岁，在那之后，衰老也随之而来，并逐渐累积直到九十岁或一百岁，人类生命也最终停止。

在探究了人类身体构造的形成、发育和伸展的原因后，让我们继续来观察人类身体的衰败。胎儿刚出生时的骨头就像线一样，非常柔软，除了肉之外几乎没有其他成分。骨头会逐渐变硬，就像小管子一样，排列在身体内，有些覆有一层薄膜，有些则没有，为骨头提供着骨质物。树木和蔬菜中坚硬部分的形成过程恰巧可以用来比作骨头发育生长的过程。骨头就像管子一样，两端都覆盖着一层柔软的物质，借此可以相应地获得养分，骨头的末端从中部开始生长，骨头中部的位置一般不变。骨头钙化一般在骨头中间开始并向两边延展，直到形成真骨。当骨头生长完全，营养成分也无须为骨骼的增长继续累积，它们开始作用于让骨骼更加坚硬。等到骨头变得过于坚硬，无法吸收对骨骼营养至关重要的成分在骨骼内部流通，这个过程便随之停止，骨头开始遭受类似一棵老树所能感知的变化。这个变化被认为是人类不可避免走向衰老的最初原因。

那些看作柔软而并不完美的软骨，随着我们年龄的增长也会变得愈发坚硬。因为软骨一般都长在关节周围，因此关节的运动也会变得困难。因此，人类年老时的每个动作都会耗费力气。那些在人类年轻时具有弹性、成人后变得柔软的软骨，在人类年老时相比弯曲则会变得容易破裂，这也被认为是人类身体分解的第二个原因。

人类体内的薄膜也会随着年龄的增长变厚且干燥。

比如那些围绕在骨头周围的薄膜变得不再柔软，它们在人类十八岁或二十岁时便不再扩张。肌肉纤维也是如此，即使在外部通过触碰身体可以感觉到它们变得更加柔软，实际上它们却变得愈发坚硬。在这种情况下，往往是皮肤，而不是肉在传达知觉。脂肪在身体成熟后不断累积，散布在皮肤和肌肉之间，营造出一种实际上并未发生的肉质变得柔软的假象。在年幼和年长动物中可以找到该过程不可否认的证据：年长动物的肉较为干硬，并不适合食用。

当身体发育生长时，皮肤会相应地拉伸。但当身体的生长停止，后者却不会再收缩。因此这也是皱纹的源头，且无法预防。面部的皱纹也是这样产生的，尽管它们的成形很大程度上受脸庞的构造、容貌和习惯性的动作影响。通过观察年龄在二十五至三十岁的男性面貌，我们或许可以发现他年老时皱纹的源头，特别是他的容貌处于由大笑、哭泣或其他强烈面部扭曲引起的激动状态下的时候。所有这些由激动产生的小犁沟总有一天会变成皱纹，任何手艺都无法祛除。

随着我们年纪不断增长，我们的骨头、软骨、薄膜、肉、皮肤和身体的纤维都成比例地变得更加坚硬和干燥。每个部位都在萎缩，每个动作都开始变得缓慢。体液的流动变得不再自由，汗液分泌减少，分泌物也发生变化，食物消化变慢并耗费更多的体力，营养成分不再充盈，不再供应人体已习惯的营养，且开始变得毫无用处，就像从未存在过。因此人类的身体逐渐老化，所有功能最终消亡，死亡最终降临在残余的一小部分肉体上。

大科学家的科学课

自然史

作者 _ [法]布封　　译者 _ 黎杨

产品经理 _ 黄迪音　　装帧设计 _ 一线视觉

内文制作 _ 吴偲靓　　产品总监 _ 李佳婕　　技术编辑 _ 顾逸飞

责任印制 _ 刘淼　　出品人 _ 许文婷

鸣谢

陈悦桐

果麦

www.guomai.cc

以 微 小 的 力 量 推 动 文 明

图书在版编目（CIP）数据

自然史 / (法) 布封著；黎杨译. -- 昆明：云南
人民出版社，2022.9
ISBN 978-7-222-21086-8

Ⅰ.①自… Ⅱ.①布… ②黎… Ⅲ.①自然科学史—
世界 Ⅳ.①N091

中国版本图书馆CIP数据核字(2022)第167131号

责任编辑：刘　娟
责任校对：和晓玲
责任印制：马文杰

自然史
ZIRAN SHI
[法] 布封　著　黎杨　译

出　版　云南出版集团　云南人民出版社
发　行　云南人民出版社
社　址　昆明市环城西路 609 号
邮　编　650034
网　址　www.ynpph.com.cn
E-mail　ynrms@sina.com
开　本　880mm×1230mm　1/32
印　张　5
字　数　77 千字
版　次　2022 年 9 月第 1 版　2022 年 9 月第 1 次印刷
印　刷　河北鹏润印刷有限公司
书　号　ISBN 978-7-222-21086-8
定　价　45.00 元